权威·前沿·原创

皮书系列为
"十二五""十三五""十四五"时期国家重点出版物出版专项规划项目

BLUE BOOK

智 库 成 果 出 版 与 传 播 平 台

公共数据开放蓝皮书

BLUE BOOK OF OPEN PUBLIC DATA

中国公共数据开发利用报告

（2024）

ANNUAL REPORT ON OPEN PUBLIC DATA IN CHINA

（2024）

主　编／郑　磊　刘新萍

副主编／吕文增　张忻璐

社会科学文献出版社

SOCIAL SCIENCES ACADEMIC PRESS（CHINA）

图书在版编目（CIP）数据

中国公共数据开发利用报告 . 2024 ／郑磊，刘新萍
主编；吕文增，张忻璐副主编 . --北京：社会科学文
献出版社，2024.11. --（公共数据开放蓝皮书）.
ISBN 978-7-5228-4232-5

Ⅰ . TP274

中国国家版本馆 CIP 数据核字第 2024ZL9816 号

公共数据开放蓝皮书

中国公共数据开发利用报告（2024）

主　　编／郑　磊　刘新萍
副 主 编／吕文增　张忻璐

出 版 人／冀祥德
责任编辑／张铭晏
责任印制／王京美

出　　版／社会科学文献出版社·皮书分社（010）59367127
　　　　　　地址：北京市北三环中路甲 29 号院华龙大厦　邮编：100029
　　　　　　网址：www. ssap. com. cn
发　　行／社会科学文献出版社（010）59367028
印　　装／天津千鹤文化传播有限公司

规　　格／开 本：787mm×1092mm　1/16
　　　　　　印 张：16. 25　字 数：241 千字
版　　次／2024 年 11 月第 1 版　2024 年 11 月第 1 次印刷
书　　号／ISBN 978-7-5228-4232-5
定　　价／128. 00 元

读者服务电话：4008918866

2017 年以来，复旦大学数字与移动治理实验室团队连续发布我国首个深耕于公共数据开放利用水平的专业指数"中国开放数林指数"及中国地方公共数据开发利用系列报告。开放数据，蔚然成林，"开放数林"意喻我国公共数据开放利用的生态体系。自首次发布以来，该指数定期对我国地方公共数据开放利用水平进行综合评价，精心测量各地的"开放数木"，助推我国公共数据资源的供给流通与价值释放。

自 2022 年开始，"中国开放数林指数"及其相关研究报告以蓝皮书形式公开出版，持续围绕我国公共数据开发利用进行现状评估、实践分享与前沿探讨。

　　本书为国家社会科学基金重大项目"面向数字化发展的公共数据开放利用体系与能力建设研究"（批准号：21&ZD337）的阶段性研究成果之一。

公共数据开放蓝皮书
编 委 会

陆婷婷　　罗　意　　罗姝瞳　　欧阳材泓

潘悦滢　　彭　灿　　任姝菡　　孙孟杰　　王晶格

王潇睿　　王野然　　王怡文　　尉　苇　　魏　澜

吴逸萌　　项　善　　萧海玥　　辛　悦　　徐佳迪

徐若茜　　徐思佳　　徐玉东　　于锦文　　张梓琦

朱丹妮　　朱启珠　　庄文婷

专家委主任　安小米

专家委成员　（以姓氏拼音为序）

陈　美　　陈　涛　　陈　瑶　　丁方达　　范佳佳

付熙雯　　高　丰　　韩旭至　　胡业飞　　黄如花

惠志斌　　贾　开　　金耀辉　　李重照　　刘　靖

刘　枝　　刘冬梅　　刘红波　　刘文静　　龙　怡

马　亮　　马海群　　孟天广　　宋文好　　唐　鹏

王　芳　　王　翔　　王法硕　　王少辉　　王晓斌

吴　逊　　夏义堃　　肖卫兵　　徐亚敏　　许珂维

杨道玲　　殷沈琴　　袁千里　　张　峰　　张　楠

张会平　　张玉国　　郑跃平　　周文泓　　朱　琳

朱效民

发布机构

复旦大学数字与移动治理实验室
国家信息中心数字中国研究院

合作单位

冥睿（上海）信息科技有限公司
中山大学数字治理研究中心
晴禾（南京）文化有限公司
复旦发展研究院

主要编撰者简介

郑 磊 复旦大学国际关系与公共事务学院教授、博士生导师，数字与移动治理实验室主任。获纽约州立大学洛克菲勒公共事务与政策学院公共管理与政策博士学位，研究方向为数字治理、公共数据资源开发利用、治理数字化转型等。担任联合国电子政府调查报告专家组成员、上海市公共数据开放专家委员会委员。2017年以来带领实验室连续制作和发布"中国开放数林指数"暨《中国地方公共数据开放利用报告》。在国内外知名期刊上发表研究论文近百篇，出版《开放的数林：政府数据开放的中国故事》《善数者成：大数据改变中国》等著作5部。获得第十三届上海市政府决策咨询研究成果奖一等奖及教育部第九届高校科学研究优秀成果咨询报告奖三等奖等奖项。正在主持或已完成国家社会科学基金重大项目、国家自然科学基金面上项目、国家社会科学基金后期资助项目等多项国家级、省部级课题，承担过数字政府领域的各地各级政府决策咨询课题80余项。

刘新萍 上海理工大学管理学院副教授、硕士生导师，复旦大学管理学博士，瑞典隆德大学政治学硕士，研究方向为数字治理、数据开放与授权运营、跨部门数据共享与协同。担任复旦大学数字与移动治理实验室执行副主任、上海市人工智能与社会发展研究会监事等。在《中国行政管理》、《电子政务》、*Government Information Quarterly* 等期刊上发表研究论文30余篇，出版专著《政府部门间合作的行动逻辑：机制、动机与策略》。主持国家社会科学基金青年项目、上海市哲学社会科学规划课题一般项目等多项国家级、省部级课题，承担国家社会科学基金重大项目子课题 1 项，作为前三参与人参与国家自然科学基金项目、国家社会科学基金项目 3 项。

吕文增 南京大学数据管理创新研究中心博士生，复旦大学数字与移动治理实验室研究助理，研究方向为公共数据开放、数字治理，参与"中国开放数林指数"暨《中国地方公共数据开放利用报告》的制作与发布工作，在《电子政务》《图书情报工作》等期刊发表论文 6 篇。

张忻璐 复旦大学管理学硕士，复旦大学数字与移动治理实验室副主任，研究方向为公共数据开放，参与"中国开放数林指数"暨《中国地方公共数据开放利用报告》的制作与发布工作。

前　言

公共数据是国家重要的基础性战略资源。为破除公共数据流通使用的体制性障碍、机制性梗阻，充分发挥数据要素放大、叠加、倍增效应，2024年10月，中共中央办公厅、国务院办公厅印发了《关于加快公共数据资源开发利用的意见》，明确提出"有序推动公共数据开放""鼓励探索公共数据授权运营"，这是中央层面首次对公共数据资源开发利用进行系统部署，对激发公共数据的供数动力、释放市场主体的用数活力具有里程碑意义。

在国家对公共数据资源开发利用的宏观要求基础上，全国各地公共数据开放和授权运营的推进速度也显著加快。截至2023年8月，我国已有226个省份和城市的地方政府上线了数据开放平台，其中省级平台22个（含省和自治区，不含直辖市），城市平台204个（含直辖市、副省级与地级行政区）。部分地方也已经开始积极探索公共数据授权运营工作，出台了若干与公共数据授权运营相关的法规政策，少数地方也上线了公共数据授权运营平台或专区。基于公共数据的开发利用成果不断形成，公共数据资源为不断做强做优做大数字经济、构筑国家竞争新优势提供坚实支撑。

基于此，《中国公共数据开发利用报告（2024）》进一步调整和优化评估框架，将评估对象从"政府数据"扩展为"公共数据"，评估体系更加关注需求驱动和利用导向，将各地在公共数据授权运营方面的探索和成果纳入评测内容，更加强调数据开放和授权运营平台的持续运营与有效服务，增加对公共治理、公益服务类数据的评测，细化对数据质量的评测，注重普惠包容。

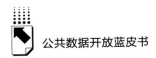
　　本书共分为三部分，围绕我国公共数据开放进行现状评估、实践分享与前沿探讨。在现状评估方面，本书包括 2 个层面的主报告《中国公共数据开放利用报告——省域报告（2024）》和《中国公共数据开放利用报告——城市报告（2024）》，并分别展示了准备度、服务层、数据层和利用层 4 个维度的分报告。在案例篇的实践分享部分，本书还邀请浙江省、山东省、福建省、上海市、杭州市、济南市、日照市等地就公共数据开发利用分享实践经验和探索，以促进各地之间的经验交流和前沿探索。

　　《中国公共数据开发利用报告（2024）》的组织编写是项集思广益、众志成城的工作，整个撰写过程充分吸纳了学界、政府和企业等各方面意见，获得了来自全国各地体验官和观察员的支持，以提升报告的科学性、公正性与公信力，但也难免留有不少缺憾和不足。"中国开放数林指数"评估进入第 8 个年头，公共数据开发利用已从少数人最初的梦想走向共同的愿景，未来我们将一如既往不忘初心，努力打造科学、公正、权威的第三方评估报告，努力做好中国公共数据开发利用的敦促者和记录者，为数据要素价值释放和数字经济社会发展贡献绵薄之力。

郑　磊　刘新萍

2024 年 11 月

摘　要

　　《中国公共数据开发利用报告（2024）》基于数据开放的基本理念和原则，立足我国公共数据资源开发利用的政策要求与地方实践，借鉴国际数据开放评估指标体系的经验，构建并优化形成系统、全面、可操作的地方公共数据开放评估指标体系，包括准备度、服务层、数据层、利用层 4 个维度及下属多级指标的评估指标体系。相较于 2023 年，指标体系将评估对象从"政府数据"扩展为"公共数据"；将各地在公共授权运营方面的探索和成果纳入评测内容；将平台层更名为服务层，以强调数据开放和授权运营平台的持续运营与有效服务；强化需求驱动和利用导向；增加对公共治理、公益服务类数据的评测；细化对数据质量的评测；注重普惠包容。基于指标体系，聚焦公共数据开放利用，完成了省域报告、城市报告、分维度报告等一系列成果，以反映目前我国公共数据资源开发利用的能力和水平。

　　主报告发现，地方政府数据开放平台数量逐年增长，整体呈现从东南部地区向中西部、东北部地区不断延伸扩散的趋势。从公共数据授权运营的实践来看，部分地方已在积极探索授权运营，出台了法规政策等相关文件，少数地方也上线了公共数据授权运营平台。

　　分报告不仅分析了地方政府在各个指标维度上的具体表现，也展示了标杆案例，供各地参考借鉴。准备度报告从法规政策、标准规范、组织推进 3 个一级指标开展评估，报告发现多数地方政府在组织保障上已具备良好基础，越来越多的地方将数据开放工作列入常态化工作任务，部分地方

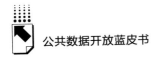

出台了针对数据开放的地方政府规章、地方标准，但全国范围内的法规政策在内容上还不够全面，标准规范也总体薄弱。服务层报告从平台体系、功能运营、权益保障和用户体验4个一级指标开展评估，报告发现多数地方数据开放平台在功能建设上已经取得了明显进步，未来需要努力完善的方向在于围绕用户体验提供优质而持续的服务。数据层报告从数据数量、开放范围、数据质量与安全保护4个一级指标开展评估，报告发现全国在数据层面总体开放水平有进步，运营水平已经有所提升，但是关键数据集的开放质量尚显不足，尤其是开放高需求高容量关键数据集与相应数据项，同时对帮助用户理解数据的相应规范也存在短板。利用层报告从利用促进、利用多样性、成果数量、成果质量、成果价值5个一级指标开展评估，报告发现多数地方陆续开展了多种类型的利用促进活动，在成果数量、成果质量方面取得较大进步，但在利用多样性与多元价值释放方面仍需进一步提升。

案例篇分享了浙江省、山东省、福建省、上海市、杭州市、济南市、日照市等省市在公共数据资源开发利用方面的实践经验和前沿探索，以供各地参考借鉴。浙江省持续夯实一体化公共数据平台底座，通过构建统一目录、开展常态化数据治理、夯实数据安全保障能力等方式提升公共数据高质量供给水平；山东省围绕构建法律规范体系、提升数据服务能力、推动数据开发利用等方面全面提升全省公共数据开放水平；福建省通过创新政策、构建运营体系、健全平台支撑体系、建立公共数据开发利用快审机制和有偿服务机制、激励行业数据汇集与供给等措施加快数据应用场景落地，释放数据要素潜力，推动数字经济高质量发展；上海市在公共数据开放的普惠性增强、大数据联合创新实验室的构建以及数据基础设施的优化升级等方面开展实践探索；杭州市在数据要素市场化配置改革方面进行了实践，并指出数据要素市场化配置改革是推动数字经济时代高质量发展的关键举措；济南市从加强数据开放立法、建立数据官制度、形成数字资源"一本账"等方面构建了"汇治用"数据资源体系，打造安全高效的数据开放生态，并创新打造"综合授权+分领域授权"公共数据授权运营模式；日照市通过强化顶层设计、加强平台管理、夯实数字底座、赋能场景打造、探索推进数据流通交易等方式促进公共数据开放利用。

关键词： 公共数据　开发利用　授权运营　中国开放数林指数

目 录 ▷

I 主报告

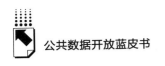

Ⅱ　分报告

Ⅲ　案例篇

皮书数据库阅读**使用指南**

主 报 告

B.1
中国公共数据开放利用报告
——省域报告（2024）

郑 磊　刘新萍　张忻璐　吕文增*

摘　要：　　本报告展示了2024年度中国公共数据开放利用省域指数的评价指标体系、数据采集与分析方法、指数计算方法。截至2023年8月，我国已有226个省级和城市的地方政府上线了数据开放平台，其中，省级平台22个（含省和自治区，不含直辖市和港澳台），城市平台204个（含直辖市、副省级与地级行政区），与2022年10月相比，新增1个省级平台和17个城市平台。自2015年第一个省级平台上线以来，省级平台数量逐年增长，整体呈现出从东南部地区向中西部、东北部地区不断延伸扩散的趋势。总体上，浙江、山东等

* 郑磊，博士，复旦大学国际关系与公共事务学院教授、博士生导师，数字与移动治理实验室主任，研究方向为数字治理、公共数据资源开发利用、治理数字化转型等；刘新萍，博士，上海理工大学管理学院副教授、硕士生导师，兼任复旦大学数字与移动治理实验室执行副主任，研究方向为数字治理、数据开放与授权运营、跨部门数据共享与协同；张忻璐，复旦大学管理学硕士，复旦大学数字与移动治理实验室副主任，研究方向为公共数据开放；吕文增，南京大学数据管理创新研究中心博士生，复旦大学数字与移动治理实验室研究助理，研究方向为公共数据开放、数字治理。

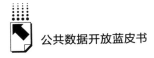

省域综合表现领先。在 4 个单项维度上，浙江在准备度、数据层和利用层上表现最优，贵州在服务层上表现最优。报告还通过 4 年累计分值，反映省域在 2020～2023 年开放数据的持续水平。

关键词： 公共数据　省域　开放数林指数　数据开放利用

"中国开放数林指数"是我国首个深耕于评估公共数据开放利用水平的专业指数，由复旦大学数字与移动治理实验室制作和发布。自 2017 年首次发布以来，"中国开放数林指数"定期对我国各地公共数据开放利用水平进行综合评价，精心测量各地的"开放数木"，助推我国公共数据资源的供给流通与价值释放。

开放数林指数将省（自治区）作为一个整体的"区域"来进行评测，并发布《中国公共数据开放利用报告——省域报告（2024）》。

一　省域指标体系与评估方法

（一）评估指标体系

开放数林指数邀请国内外政界、学术界、产业界 70 余位专家共同参与，组成"中国开放数林指数"评估专家委员会，以体现跨界、多学科、第三方的专业视角。专家委员会基于数据开放的基本理念和原则，立足我国公共数据资源开发利用的政策要求与地方实践，借鉴国际数据开放评估经验，构建起一个系统、专业、可操作的公共数据开放评估指标体系，并每年根据最新发展态势和重点难点问题进行动态调整。

2023 开放数林指数在指标体系和评估方法上的调整重点如下。

1. 从"政府数据开放"迈向"公共数据开放"

开放数林指数将评估对象从"政府数据"扩展为"公共数据"，即各级党政机关、企事业单位依法履职或提供公共服务过程中产生的公共数据。

2021 年，《中华人民共和国国民经济和社会发展第十四个五年规划和 2035 年远景目标纲要》提出"扩大基础公共信息数据安全有序开放，探索将公共数据服务纳入公共服务体系，构建统一的国家公共数据开放平台和开发利用端口"。2022 年，《中共中央 国务院关于构建数据基础制度更好发挥数据要素作用的意见》要求"对各级党政机关、企事业单位依法履职或提供公共服务过程中产生的公共数据，加强汇聚共享和开放开发""对不承载个人信息和不影响公共安全的公共数据，推动按用途加大供给使用范围"。

2. 将"公共数据授权运营"纳入评测内容

自 2023 年起，开放数林指数将各地在公共数据授权运营方面的探索和成果也纳入评测内容。

2021 年，《中华人民共和国国民经济和社会发展第十四个五年规划和 2035 年远景目标纲要》指出"开展政府数据授权运营试点，鼓励第三方深化对公共数据的挖掘利用"。2022 年，《中共中央 国务院关于构建数据基础制度更好发挥数据要素作用的意见》指出"鼓励公共数据在保护个人隐私和确保公共安全的前提下，按照'原始数据不出域、数据可用不可见'的要求，以模型、核验等产品和服务等形式向社会提供"。

开放数林指数认为，公共数据开放和授权运营的目的都是畅通公共数据资源的大循环，降低市场和社会主体获取公共数据的门槛，释放公共数据的价值，两者相辅相成，又各有侧重。因此，开放数林指数将一个地方的公共数据开放和授权运营水平作为整体，来评价该地方释放公共数据价值的总体成效。2023 开放数林指数具体从以下几个方面初步开展对公共数据授权运营的评估。

准备度评测关注各地制定和出台的与授权运营相关的法规政策，以促进和规范公共数据授权运营工作；服务层评测关注数据开放平台与授权运营平台之间的联通协同以及数据目录的整体展现；数据层评测关注授权运营数据的数量、种类、透明度和可理解性等方面；利用层评测聚焦数据授权运营的成果产出及其价值。

3. 将评估维度"平台层"更名为"服务层"

2023 开放数林指数将平台层更名为服务层，以强调数据开放和授权运

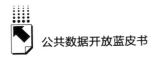
营平台的持续运营与有效服务。具体而言，进一步下调了平台功能设置相关指标的权重，提高了数据获取、互动反馈、回应落实等体现平台实际运营服务水平的指标权重，即不是看"平台对用户说了什么"，而是看"有没有说到做到"。

4. 强化需求驱动和利用导向

开放数林指数进一步强化数据开放和授权运营的需求驱动和利用导向。需求、开放和运营、利用之间具有循环并进的关系，市场和社会对公共数据的需求是开放和运营的起点和依据，而开放和运营又是利用的基础，利用则是开放和运营的目的，反之，利用又能激发新的需求，从而进一步促进开放和运营。

具体而言，开放数林指数在以下几个方面强化对需求驱动和利用导向的评估：准备度评测重视相关法规政策中对需求征集、需求回应以及开放范围、目录按需动态调整等方面作出的要求；服务层评测重视平台对用户所提需求的实际回应与落实情况；数据层评测增加对高需求高容量关键数据集开放数量的评测；利用层评测关注数据开放带来的经济和社会价值，以及数据开放利用赛事中形成的创新方案的落地转化情况，并在成果数量指标中新增对基于开放数据发表的科研论文的评测。

5. 增加对公共治理、公益服务类数据的评测

2022 年，《中共中央 国务院关于构建数据基础制度更好发挥数据要素作用的意见》指出"推动用于公共治理、公益事业的公共数据有条件无偿使用"。因此，开放数林指数在 2022 年重点对企业注册登记、交通、气象、卫生 4 个领域的关键数据集开展评测的基础上，2023 年进一步将教育、社会民生等领域纳入关键数据集范围进行评测。

6. 细化对数据质量的评测

在数据层评测中，兼顾数据容量增长的总量与质量，加强对数据的完整性、及时性与持续性等方面的评测；增强对实时动态数据接口的评测；增加对社会高需求数据集关键字段开放情况的评测。

7. 注重普惠包容

评测政策法规中对多种社会主体平等获取数据作出的要求，评测平台在开放协议及在有条件开放数据的申请条件设置中是否贯彻了非歧视性原则，并注重开放数据大赛的参与门槛与社会参与度。

基于以上调整重点，2023 中国开放数林指数（省域）指标体系共包括准备度、服务层、数据层、利用层 4 个维度及下属多级指标（见图 1）。

准备度是"数根"，是数据开放的基础，包括法规政策、标准规范、组织推进 3 个一级指标。

服务层是"数干"，是数据开放的中枢，包括平台体系、功能运营、权益保障、用户体验 4 个一级指标。

数据层是"数叶"，是数据开放的核心，包括数据数量、开放范围、数据质量、安全保护 4 个一级指标。

利用层是"数果"，是数据开放的成效，包括利用促进、利用多样性、成果数量、成果质量、成果价值 5 个一级指标。

（二）评估对象

开放数林指数将省（自治区）作为"区域"，而不仅是"层级"来进行评测。根据公开报道，以及使用"数据+开放""数据+公开""公共+数据""地名+数据""地名+公共数据""地名+公共数据开放"等关键词进行搜索，发现截至 2023 年 8 月我国已上线的地方公共数据开放平台，并从中筛选出符合以下条件的平台。

①原则上平台域名中需出现 gov.cn，作为确定其为政府官方数据开放平台的依据。

②平台由行政级别为地级以上的地方政府建设和运营（不含港澳台）。

③开放形式为开设专门、统一的地方公共数据开放平台，或是在政府官网上开设专门栏目进行集中开放，由条线部门建设的开放数据平台不在评估范围内。

图 1　2023 中国开放数

	权重	一级指标	权重	二级指标
数果 15% 利用层	2.0%	利用促进	1.5%	创新天赋
			0.5%	引导赋能
	1.0%	利用多样性	0.5%	成果形态多样性
			0.5%	成果主题多样性
	4.5%	成果数量	2.0%	有效服务应用数量
			0.75%	研究成果数量
			0.5%	授权形式有效成果数量
			1.0%	成果有效率
	4.5%	成果质量	2.0%	成果有效性
			1.5%	服务应用质量
			1.0%	创新方案质量及落地性
	3.0%	成果价值	0.7%	数字政府
			1.2%	数字经济
			1.1%	数字社会
数叶 45% 数据层	13.0%	数据数量	3.5%	有效数据集总数
			4.25%	单个数据集平均容量
			5.25%	高需求高容量关键数据集
	7.0%	开放范围	1.75%	主题与部门多样性
			1.25%	公共数据来源多样性
			0.75%	基础性数据集
			2.0%	高需求数据集
			1.25%	包容性数据集
	23.0%	数据质量	3.25%	可获取性
			2.5%	可用性
			4.0%	可理解性
			4.5%	完整性
			6.25%	及时性
			2.5%	持续性
	2.0%	安全保护	0.25%	不入随私被数据保护
			1.75%	失效数据撤回
数干 22% 服务层	3.0%	平台体系	2.0%	省域整体性
			0.5%	区域协同性
				开放二级背采平台联通性
	14.0%	功能运营	2.25%	发现预览
			6.5%	数据集获取
			1.0%	社会数据及成果提交展示
			4.25%	互动反馈
	3.0%	权益保障	1.75%	开放协议
			1.25%	权益申诉
	2.0%	用户体验	1.0%	数据发现体验
			1.0%	数据获取体验
数根 18% 准备度	10.5%	法规政策	3.5%	法规政策完备性
			3.5%	开放利用要求
			2.0%	安全保护要求
			1.5%	保障机制
	3.0%	标准规范	1.0%	标准规范等级
			2.0%	标准规范内容
	4.5%	组织推进	1.0%	主管部门与内设处室
			1.5%	重视与支持
			2.0%	年度工作计划

（省域）指标体系

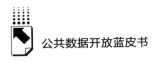
本次评估中，共发现符合以上条件的省级公共数据开放平台22个（见本报告附表1）和城市平台204个（含直辖市，见本报告附表2）。本报告将上线公共数据平台的27个省域作为评估对象。

此外，报告还使用"数据+开放""公共数据+运营""公共数据+服务""政务数据+运营""政务数据+服务"等关键词进行搜索或通过数据开放平台提供的入口进行搜索，发现截至2023年9月我国已上线的地方公共数据授权运营平台或专区，如表1所示。

表1　地方公共数据授权运营平台或专区

序号	平台名称	地方	链接
1	福建省公共数据资源开发服务平台	福建省	https://www.fjbigdata.com.cn/#/home/main
2	成都市公共数据授权运营服务平台	成都市	https://www.cddataos.com/newIndex
3	杭州市公共数据授权运营专区	杭州市	https://data.hangzhou.gov.cn
4	南京市公共数据运营服务平台	南京市	https://public.njbigdata.cn/newIndex
5	青岛市公共数据授权运营平台	青岛市	http://qddataops.com/main

（三）数据采集与分析方法

准备度评估主要对相关法律法规、政策、标准规范、年度计划与工作方案、新闻报道等资料进行了描述性统计分析和文本分析。搜索方法主要包括以下两种：一是在搜索引擎以关键词检索相关法律法规与政策文本、标准规范、年度工作计划、政府工作报告、数字政府方案，以及数据开放和授权运营主管部门的信息；二是在地方政府门户网站以及公共数据开放平台与授权运营平台通过人工观察和关键词检索采集数据。数据采集时间截至2023年9月。

服务层评估主要采用人工观察和测试法对各地公共数据开放平台与授权运营平台提供的服务进行观测并做描述性统计分析，并对平台的回复时效和回复质量进行评估，数据采集时间截至2023年9月。此外，服务层还引入了"体验官"对用户在数据发现与数据获取过程中的实际体验进行评测，"体验官"评测与人工观察同时进行。

数据层评估主要通过机器自动抓取和处理各地公共数据开放平台与授权运营平台上提供的数据，结合人工观察采集相关信息，然后对数据进行描述性统计分析、交叉分析、文本分析和空间分析。数据采集时间截至2023年9月。

利用层评估主要对各地公共数据开放平台与授权运营平台上展示的利用成果进行人工观察和测试，对2021年以来各地开展的开放数据创新利用比赛信息进行网络检索，并对采集到的数据进行描述性统计分析。数据采集时间截至2023年9月。

此外，为确保采集信息准确，避免遗漏，部分指标采取报告制作方自主采集和向各地征集相结合的方式。各地征集结果经过报告制作方验证后纳入数据范围。

同时，本次评估发现，个别已上线的地方公共数据开放平台出现无法访问造成数据供给中断的情况，或虽然平台仍在线，但实际上无法通过平台获取数据。

（四）指数计算方法

指数制作方基于各地在各项评估指标上的实际表现从低到高按照0~5分共6档分值进行评分，其中5分为最高分，相应数据缺失或完全不符合标准则分值为0。对于连续型统计数值类数据则使用极差归一法将各地统计数据结果换算为0~5分的数值作为该项得分。

各地平台在准备度、服务层、数据层、利用层4个维度上的指数总分等于每个单项指标的分值乘以相应权重所得到的加权总和。基于指标本身的重要性、各地在各项指标上的平均达标情况和地区间差距配置权重。最终，各地开放数林指数等于准备度指数、服务层指数、数据层指数、利用层指数乘以相应权重的加权平均分。省域开放数林指数计算公式如下：

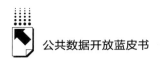

$$省域开放数林指数 = \Sigma（准备度指标分值 × 权重）× 18\% +$$
$$\Sigma（服务层指标分值 × 权重）× 22\% +$$
$$\Sigma（数据层指标分值 × 权重）× 45\% +$$
$$\Sigma（利用层指标分值 × 权重）× 15\%$$

二 省域公共数据开放概貌

截至 2023 年 8 月，我国已有 226 个省级和城市的地方政府上线了公共数据开放平台，其中，省级平台 22 个（含省和自治区，不含直辖市和港澳台，下同），城市平台 204 个（含直辖市、副省级与地级行政区，下同）。与 2022 年下半年相比，新增 18 个地方平台，其中包含 1 个省级平台和 17 个城市平台，平台总数增长约 9%。自 2017 年起全国地级及以上政府公共数据开放平台数量持续增长，从 2017 年报告首次发布时的 20 个增至 2023 年 8 月的 226 个，如图 2 所示。

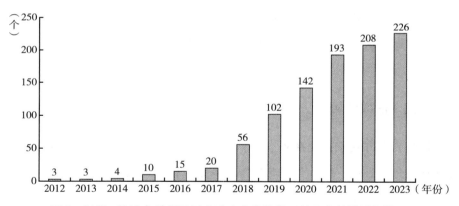

图 2 2012~2023 年地级及以上政府公共数据开放平台数量增长情况

注：2023 年为截至 8 月数据。

目前，我国 81.48% 的省级政府已经上线了公共数据开放平台。自 2015 年浙江省上线了我国第一个省级平台以来，省级平台数量逐年增长，目前已达到 22 个，如图 3 所示。全国各地上线的省级政府公共数据开放平台整体上呈现出从东南部地区向中西部、东北部地区不断延伸扩散、相连成片的趋势。同时，本报告也注意到有 5 个省级平台在上线后又出现了无法访问的情况，主要集中在中西部地区，分别为甘肃、河南、宁夏、青海与新疆。

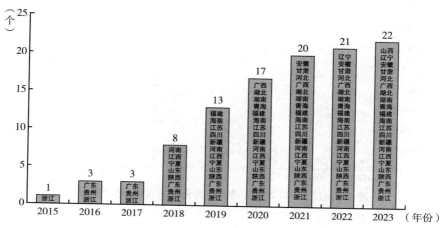

图 3　2015~2023 年省级平台上线情况

注：2023 年为截至 8 月数据。

截至 2023 年 8 月，福建、广东、广西、贵州、江苏、江西、山东、四川与浙江的省（自治区）本级和下辖地市都已上线了数据开放平台，部分省份及下辖地市平台上线情况如表 2 所示。从整体上看，东南沿海和中部地区的数据开放平台已经基本相连成片。

表 2　部分省份及下辖地市平台上线情况

省（自治区）：其中	下辖地市	
	全部上线	都未上线
已上线	福建、广东、广西贵州、江苏、江西山东、四川、浙江	陕西
未上线/无法访问	湖北	青海

自 2017 年首次发布中国开放数林指数以来，每年采集到的各地方政府平台上开放的有效数据集总数逐年增长（如图 4 所示），2017 年全国所有地

方政府平台只开放了 8398 个数据集，2023 年已增长到 345853 个，是 2017 年的 41 倍多。

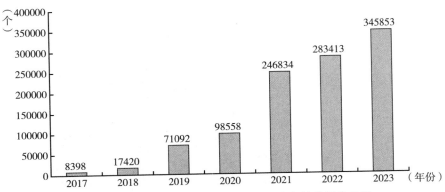

图 4　2017~2023 年地方政府平台开放的有效数据集总数

注：2023 年为截至 9 月数据。

数据集容量是指将一个地方政府平台中可下载的、结构化的、各个时间批次发布的数据集的字段数（列数）乘以条数（行数）后得出的数量，体现的是平台上开放的可下载数据集的数据量和颗粒度。2019 年以来各地方政府平台无条件开放的可下载数据集总容量从 2019 年的 150925 万到 2023 年的约 486 亿，增长了约 31 倍（如图 5 所示）。

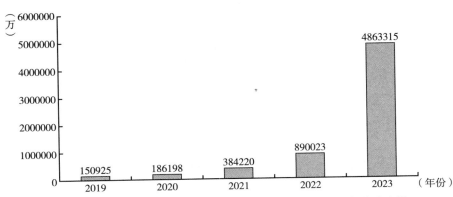

图 5　2019~2023 年地方政府平台无条件开放的可下载数据集总容量

注：2023 年为截至 9 月数据。

　　《中华人民共和国国民经济和社会发展第十四个五年规划和2035年远景目标纲要》明确提出"开展政府数据授权运营试点，鼓励第三方深化对公共数据的挖掘利用"。当前，部分地方已在积极探索公共数据授权运营工作，截至2023年9月，各地已正式出台的与公共数据授权运营相关的法规政策如表3所示，发布的相关征求意见稿如表4所示。

表3　各地公共数据授权运营相关法规政策

项目	区域	文件	发布时间
省域	海南省	海南省公共数据产品开发利用暂行管理办法	2021年9月
	浙江省	浙江省公共数据条例	2022年1月
	四川省	四川省数据条例	2022年12月
	浙江省	浙江省公共数据授权运营管理办法（试行）	2023年8月
城市	四川省成都市	成都市公共数据运营服务管理办法	2020年10月
	上海市	上海市数据条例	2021年11月
	贵州省安顺市	安顺市公共数据资源授权开发利用试点实施方案	2021年11月
	广东省广州市	广州市数字经济促进条例	2022年4月
	山东省青岛市	青岛市公共数据运营试点突破攻坚方案	2022年10月
	江苏省苏州市	苏州市数据条例	2022年11月
	北京市	关于推进北京市数据专区建设的指导意见	2022年11月
	山东省青岛市	青岛市公共数据运营试点管理暂行办法	2023年4月
	内蒙古自治区包头市	包头市公共数据运营管理试点暂行办法	2023年7月
	吉林省长春市	长春市公共数据授权运营管理办法	2023年8月
	浙江省杭州市	杭州市公共数据授权运营实施方案（试行）	2023年9月
	浙江省温州市	温州市公共数据授权运营管理实施细则（试行）	2023年9月

注：时间截至2023年9月。

表4　各地公共数据授权运营相关法规政策征求意见稿

项目	区域	文件	发布时间
省域	河南省	河南省数据条例（草案）（征求意见稿）	2022年3月
	江西省	江西省数据条例（征求意见稿）	2022年4月
	贵州省	贵州省数据流通交易促进条例（草案）（征求意见稿）	2023年7月

项目	区域	文件	发布时间
城市	山东省东营市	东营市公共数据授权运营暂行管理办法（征求意见稿）	2023 年 4 月
	四川省达州市	达州市公共数据授权运营管理办法（征求意见稿）	2023 年 6 月
	四川省遂宁市	遂宁市公共数据运营管理办法（征求意见稿）	2023 年 7 月
	湖南省长沙市	长沙市政务数据运营暂行管理办法（征求意见稿）	2023 年 7 月
	北京市	北京市公共数据专区授权运营管理办法（征求意见稿）	2023 年 7 月
	广东省广州市	广州市数据条例（征求意见稿）	2023 年 7 月
	山东省济南市	济南市公共数据授权运营办法（征求意见稿）（第二版）	2023 年 8 月
	浙江省宁波市	宁波市公共数据授权运营管理实施细则（试行）（征求意见稿）	2023 年 8 月
	山东省德州市	德州市公共数据授权运营管理暂行办法（征求意见稿）	2023 年 9 月
	浙江省丽水市	丽水市公共数据授权运营管理实施细则（试行）（征求意见稿）	2023 年 9 月
	浙江省金华市	金华市公共数据授权运营实施细则（试行）（征求意见稿）	2023 年 9 月

注：时间截至 2023 年 9 月。

三　省域开放数林指数

（一）省域开放数林指数

截至 2023 年 9 月，中国开放数林指数省域综合表现如表 5 所示，报告还基于综合指数分值将各地的公共数据开放利用水平分为 5 个"开放数级"。浙江和山东的综合表现最优，开放数级为"五棵数"。贵州也总体表现优秀，开放数级为"四棵数"，其后依次是福建、四川、广东、广西等地，开放数级为"三棵数"。在 4 个单项维度上，浙江在准备度、数据层和利用层上表现最优，贵州在服务层上表现最优。省域开放数林指数空间分布方面，指数分值较高的地方主要集中在我国东部的浙江、山东、福建、广东以及西部的贵州、四川和广西。

表5　中国开放数林指数省域综合表现

开放数级	省域
五棵数	浙江、山东
四棵数	贵州
三棵数	福建、四川、广东、广西
二棵数	海南、江西、辽宁、江苏
一棵数	安徽、陕西、河北
其他	湖南、山西、黑龙江、湖北、吉林、新疆、内蒙古、甘肃、河南、宁夏、西藏、云南、青海

注：若想了解指数得分详细情况，请查看 www.ifopendata.cn。

（二）省域"数林匹克"指数

数据开放利用是一场"马拉松"，而不是"速滑赛"，不在于一个地方是否跑得早、跑得急，而在于这个地方能否跑得长、跑得久。报告继续通过 2020~2023 年"数林匹克"指数累计分值，反映一个地方开放数据的持续水平。

省域"数林匹克"指数由 2020 年到 2023 年这 4 年该省域的全年开放数林综合指数的分值累计得出。表 6 为 2020~2023 年省域"数林匹克"指数累计分值表现突出省份，浙江分值最高，其后依次是山东、贵州和广东等。

表6　2020~2023 年省域"数林匹克"指数累计分值表现突出省份

省份	2020~2023 年累计分值	省份	2020~2023 年累计分值
浙江	306.18	福建	165.69
山东	273.01	广西	161.96
贵州	219.01	海南	113.91
广东	181.04	江西	106.45
四川	180.16	江苏	82.44

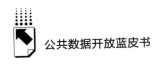

四　省域数林标杆

（一）浙江省

浙江省已建立了完备的公共数据开放与授权运营法规政策体系，制定了地方性法规《浙江省公共数据条例》、地方政府规章《浙江省公共数据开放与安全管理暂行办法》以及一般规范性文件《浙江省公共数据开放工作指引》，并制定了我国省级层面首部针对公共数据授权运营的规范性文件《浙江省公共数据授权运营管理办法（试行）》，以规范公共数据授权运营管理，推动公共数据有序开发利用。

浙江省数据开放平台注重用户获取数据的体验，提供了类似"购物车"的"数据批量下载"功能（见图6），用户可在选择添加多个数据集后一并下载。同时，还通过"社会数据专区"为企业和社会组织提交自己持有的数据提供了入口（见图7），供其他用户下载。其中，部分社会数据来自以往数据开放大赛孵化的成果，实现了公共数据的价值释放与回流。

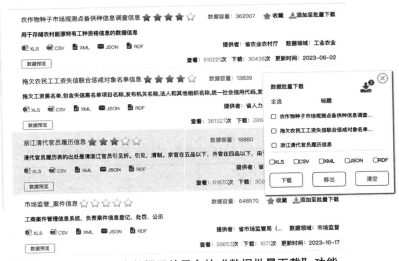

图6　浙江省数据开放平台的"数据批量下载"功能

资料来源：浙江省人民政府数据开放平台，https：//data.zjzwfw.gov.cn/jdop_front/channal/data_public.do。

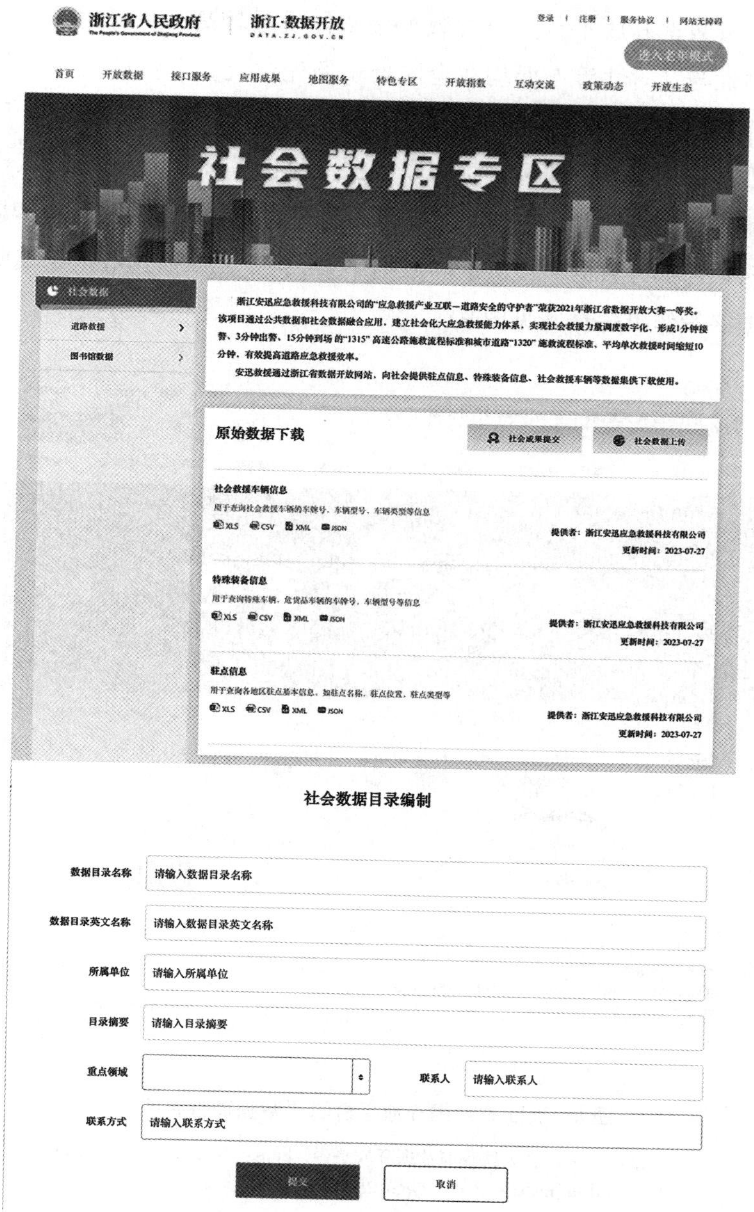

图 7　浙江省数据开放平台的"社会数据专区"

资料来源：浙江省人民政府数据开放平台，https：//data.zj.gov.cn/jdop_front/ shsjzq/index.html。

浙江省数据开放平台开放的数据集整体质量较高，在可用性、可理解性、完整性与及时性等方面均在全国处于领先位置。平台还设有"数据高铁专区"，通过接口形式将业务场景下实时产生的数据向用户开放，用户申请接口后基于调用参数即可持续获取数据（见图8），缩短了数据从产生到开放的流通时间。浙江省数据开放平台还为开放的数据集提供了较为详细的描述说明，为部分数据集提供了"数据字典说明"，以描述数据采集的背景并对数据字段作出解释（见图9）。

图8 浙江省数据开放平台的"数据高铁专区"

资料来源：浙江省人民政府数据开放平台，https://data. zjzwfw. gov. cn/jdop _front/channal/data_highSpeed. do？type＝2&searchString＝。

浙江省注重公共数据的开放利用和价值释放，通过对开放数据的有效利用为公众提供更便捷的服务，鼓励社会力量积极参与城市治理。例如，为了

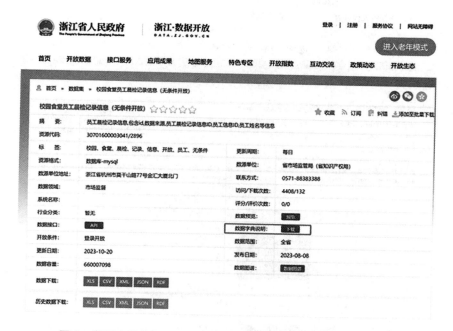

图9　浙江省数据开放平台上为部分数据提供"数据字典说明"

资料来源：浙江省人民政府数据开放平台，https：//data. zj. gov. cn/jdop_front/ detail/data. do？iid = 22961&searchString = % E6% A0% A1% E5% 9B% AD% E9% A3% 9F% E5%A0%82%E5%91%98%E5%B7%A5。

在高速应急施救场景中解决社会救援资源调度不足、利用率低、救援响应不及时等问题，浙江数据开放创新应用大赛孵化的"应急救援产业互联—道路安全的守护者"应用通过汇集公共数据和社会数据并进行分析利用，建立了一套社会救援力量数字化调度体系，整合优化施救驻点和救援资源分布，缩短救援响应时间，形成1分钟接警、3分钟出警、15分钟到场的"1315"高速公路施救流程标准和城市道路施救流程标准，大幅提高了道路应急救援效率（见图10）。

"安诊无忧"陪诊服务应用是浙江省2022年数据开放创新应用大赛评选出的优秀作品。"安诊无忧"利用医院信息数据（包括医院的名称、位置、级别、类型等数据项）、医疗机构服务情况（包括急诊、门诊人次等数

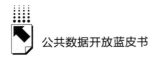

图 10　浙江省的"应急救援产业互联—道路安全的守护者"项目

据项）、护士职业证书数据、职业技能证书等开放数据，并结合自有数据，搭建线上陪诊预约平台，为老人、儿童、残障人士提供专业陪诊服务。"安诊无忧"陪诊服务应用致力于对接陪诊师资源的需求与供给，改善弱势人群的就医体验，减少患者的就诊时间和负担（见图11）。

（二）山东省

山东省注重制定年度数据开放工作计划，发布数据集开放清单，在《2023年新增公共数据开放清单（省直）》中提供了部门名称、数据资源目录名称、数据项名称、开放属性、开放条件、更新频率、计划开放时间等具体信息（见图12）。

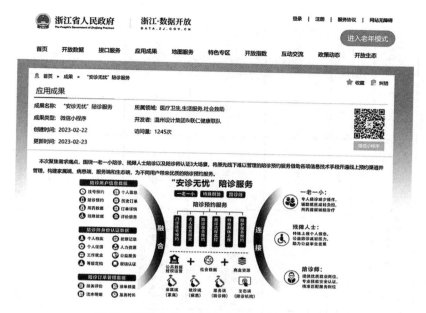

图 11　浙江省的"安诊无忧"陪诊服务应用

资料来源：浙江省人民政府数据开放平台，https：//data.zjzwfw.gov.cn/jdop_front/channal/data_public.do。

山东省无条件开放的数据数量在全国处于领先地位，省本级无条件开放数据集的平均容量近 120 万，省域内所有地市开放数据集的平均容量超 46 万。此外，省本级与省域内各地市开放的高需求高容量数据集也名列前茅，尤其体现在企业注册登记、气象、卫生等领域。

山东省第五届数据应用创新创业大赛设置了多条赛道，其中"数据赋能高校创业赛道"为高校学生提供了门槛较低的参赛通道，以扩大比赛的参与面（见图 13）。

为了解决商业医保理赔数据打不通、流程烦琐等问题，山东省推出"政保通"数据服务平台，向商业保险机构开放公共数据，打通商业医保理赔服务的"最后一公里"（见图 14），运用隐私计算技术实现数据"可用不可见"，并按照"一数一授权"的模式，要求个人数据需经本人授权后方可被调用。

2023 年新增公共数据开放清单（省直）

序号	部门名称	数据资源目录名称	数据项名称	开放属性（无条件/有条件）	开放条件（有条件开放数据目录必须填写此列）	开放方式	更新频率	计划开放时间
1	山东省自然资源厅	山东省全省矿产资源储量评审备案信息	储量备案标题、申请人、文号、受理时间	无条件开放		数据集	每年	45108
2	山东省自然资源厅	山东省绿色矿山名录信息	序号、矿山名称、矿种、所在行政区	无条件开放		数据集	每年	45108
3	山东省自然资源厅	山东省食用林产品质量安全监督抽检数据信息	抽样单编号、样品名称、受检单位或个人、采样地址、任务来源、地测机构、抽样时间、检测结果	无条件开放		数据集	每年	45108
4	山东省自然资源厅	山东省出售、购买、附天、利用重点保护野生动物及其制品审批（出售、购买、附天、利用国家重点保护野生动物及其制品审批）信息统计表信息	时间、文号、文件标题、申请人、统一社会信用代码、出售（购天）议单位、许可内容、目的、备注	有条件开放	个别信息须涉及个人信息，需要向主管部门说明使用数据的目的。	数据集	每年	45108
5	山东省自然资源厅	山东省人工繁育重点保护野生动物许可（人工繁育国家重点保护野生动物许可）信息统计表信息	时间、文号、文件标题、申请人、统一社会信用代码、人工繁育地点、许可目的、法定代表人、申请人所在地	有条件开放	个别信息须涉及个人信息，需要向主管部门说明使用数据的目的。	数据集	每年	45108
6	山东省自然资源厅	山东省地图审核号信息	主键ID、审核号、送审单位、送审图名称、类别及使用范围图说明、出版书号	无条件开放		数据集	每年	45108
7	山东省自然资源厅	山东省矿权划定矿区范围图信息	法定代表人、开采主矿种、可采储量、矿区范围、矿区面积、矿区编码、申请人、所在行政区	无条件开放		数据集	每年	45108

图 12 山东省《2023 年新增公共数据开放清单（省直）》（部分截图）

资料来源：山东公共数据开放网，https：//data.sd.gov.cn/portal/news/8e172c431a 774d1db3525662 5fe0l204/notice。

图13 山东省第五届数据应用创新创业大赛设置"数据赋能高校创业赛道"

资料来源："山东工行杯"山东省第五届数据应用创新创业大赛，https://data.sd.gov.cn/cmpt/home.html。

五 省域数林亮叶

除了以上几个标杆案例，2023年其他省域在公共数据开放利用和授权运营工作上也出现了不少亮点。

图 14　山东省"政保通"数据服务平台支撑商业医保快速理赔

资料来源：山东公共数据开放网，https：//data. sd. gov. cn/portal/index。

（一）数据层亮叶

海南省在卫生健康领域开放的数据容量较高、质量较好，涉及医疗机构、药品目录、疾病诊断信息等市场需求高、具有较高利用价值的数据；福建省对省级平台上已开放数据及时进行更新，约50%的无条件开放数据集在2023年实现了更新；广东省数据开放平台提供的数据接口调用方式便捷，调用所需参数少，方便易用。

（二）服务层亮叶

贵州省政府数据开放平台重视与用户的互动反馈，对用户提出的有条件开放数据申请、未开放数据请求、意见建议、数据纠错和权益申诉均进行了及时有效的回复，并公开了相关信息（见图15）。即使对决定不同意开放的数据申请也给出了具体的原因和建议。

（三）利用层亮叶

公共数据开放还为科研工作提供了数据支撑，山东省、贵州省开放的公

图 15　贵州省政府数据开放平台对有条件开放数据申请的回复

资料来源：贵州省政府数据开放平台，https：//data. guizhou. gov. cn/information/active-center。

共数据产出的科研论文数量较多，涉及旅游经济、产业发展、生态保护等研究领域。公共数据授权运营方面的探索也已产生了初步成果，山东省和福建省产出的授权运营的数据产品涵盖财税金融、生态环境、卫生健康、经贸工商等领域。

附录

附表1 省（自治区）本级平台一览（按拼音首字母排序）

序号	省域	省（自治区）本级平台名称	平台链接
1	安徽省	安徽省公共数据开放平台	http://data.ahzwfw.gov.cn:8000/dataopen-web
2	福建省	福建省公共信息资源统一开放平台	http://data.fujian.gov.cn
3	甘肃省	甘肃省公共数据开放平台	http://data.gansu.gov.cn
4	广东省	开放广东平台	http://gddata.gd.gov.cn
5	广西壮族自治区	广西壮族自治区公共数据开放平台	http://data.gxzf.gov.cn/portal
6	贵州省	贵州省政府数据开放平台	http://data.guizhou.gov.cn
7	海南省	海南省政府数据统一开放平台	http://data.hainan.gov.cn
8	河北省	河北省公共数据开放网	http://hebdata.hebyun.gov.cn
9	河南省	河南省公共数据开放平台	http://data.hnzwfw.gov.cn
10	湖北省	湖北省公共数据开放平台	http://data.hubei/gov.cn
11	湖南省	湖南政务大数据公众门户	https://data.hunan.gov.cn/etongframework-web/business/resource/list.do
12	江苏省	江苏省公共数据开放平台	http://data.jszwfw.gov.cn:8118/extranet/openportal/pages/default
13	江西省	江西省政府数据开放网站	http://data.jiangxi.gov.cn
14	辽宁省	辽宁省公共数据开放平台	http://data.ln.gov.cn/oportal
15	宁夏回族自治区	宁夏公共数据开放平台	http://opendata.nx.gov.cn/portal
16	青海省	青海省人民政府政务公开	http://zwgk.qh.gov.cn
17	山东省	山东公共数据开放网	http://data.sd.gov.cn
18	山西省	山西省公共数据开放网	http://data.shanxi.gov.cn
19	陕西省	陕西省公共数据开放平台	http://www.sndata.gov.cn
20	四川省	四川公共数据开放网	http://www.scdata.net.cn/oportal
21	新疆维吾尔自治区	新疆维吾尔自治区政务数据开放网	http://data.xinjiang.gov.cn
22	浙江省	浙江省人民政府数据开放平台	http://data.zjzwfw.gov.cn/jdop_front/index.do

附表 2　城市平台一览（按行政层级及拼音首字母排序）

序号	城市	平台名称	城市类型	平台链接
1	北京市	北京市政务数据资源网	直辖市	https://data.beijing.gov.cn
2	重庆市	重庆市公共数据开放系统	直辖市	https://data.cq.gov.cn/rop
3	上海市	上海市公共数据开放平台	直辖市	https://data.sh.gov.cn
4	天津市	天津市信息资源统一开放平台	直辖市	https://data.tj.gov.cn
5	福建省厦门市	厦门市大数据安全开放平台	副省级城市	http://data.xm.gov.cn/opendata
6	广东省广州市	广州市公共数据开放平台	副省级城市	https://data.gz.gov.cn
7	广东省深圳市	深圳市政府数据开放平台	副省级城市	https://opendata.sz.gov.cn
8	黑龙江省哈尔滨市	哈尔滨市公共数据开放平台	副省级城市	http://data.harbin.gov.cn
9	湖北省武汉市	武汉政务公开数据服务网	副省级城市	https://data.wuhan.gov.cn
10	江苏省南京市	南京市政务数据开放平台	副省级城市	http://opendata.nanjing.gov.cn
11	辽宁省沈阳市	沈阳市政务数据开放平台	副省级城市	http://data.shenyang.gov.cn
12	山东省济南市	济南政府数据开放平台	副省级城市	http://data.jinan.gov.cn
13	山东省青岛市	青岛公共数据开放网	副省级城市	http://data.qingdao.gov.cn
14	四川省成都市	成都市公共数据开放平台	副省级城市	http://data.chengdu.gov.cn
15	浙江省杭州市	杭州数据开放平台	副省级城市	http://data.hz.zjzwfw.gov.cn
16	浙江省宁波市	宁波市政府数据服务网	副省级城市	http://data.nb.zjzwfw.gov.cn
17	安徽省蚌埠市	蚌埠市信息资源开放平台	地级城市	http://www.bengbu.gov.cn

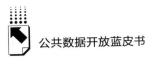

续表

序号	城市	平台名称	城市类型	平台链接
18	安徽省亳州市	亳州市人民政府数据开放网	地级城市	http://www.bozhou.gov.cn/open-data-web
19	安徽省池州市	池州市人民政府数据开放	地级城市	http://www.chizhou.gov.cn/OpenData
20	安徽省滁州市	滁州市公共数据开放平台	地级城市	https://www.chuzhou.gov.cn
21	安徽省阜阳市	阜阳市公共数据开放平台	地级城市	https://www.fy.gov.cn/openData
22	安徽省合肥市	合肥市人民政府数据开放平台	地级城市	https://www.hefei.gov.cn/open-data-web/index/index-hfs.do? pageIndex=1
23	安徽省淮北市	淮北市公共数据开放平台	地级城市	http://open.huaibeidata.cn
24	安徽省淮南市	淮南市公共数据开放平台	地级城市	https://sjzyj.huainan.gov.cn/odssite
25	安徽省黄山市	黄山市人民政府数据开放栏目	地级城市	http://www.huangshan.gov.cn/site/tpl/4653
26	安徽省六安市	六安市信息资源开放平台	地级城市	http://data.luan.gov.cn
27	安徽省马鞍山市	马鞍山市人民政府数据开放栏目	地级城市	http://www.mas.gov.cn/content/column/4697374
28	安徽省宿州市	宿州市人民政府数据开放栏目	地级城市	https://www.ahsz.gov.cn/oportal
29	安徽省铜陵市	铜陵市人民政府数据开放	地级城市	http://www.tl.gov.cn/sjtl/sjkf
30	安徽省芜湖市	芜湖市政务数据开放平台	地级城市	https://data.wuhu.cn
31	安徽省宣城市	宣城市人民政府数据开放网	地级城市	http://sjkf.xuancheng.gov.cn/index
32	福建省福州市	福州市政务数据开放平台	地级城市	http://data.fuzhou.gov.cn
33	福建省龙岩市	福建省公共数据资源统一开放平台龙岩市栏目	地级城市	https://data.fujian.gov.cn/oportal/catalog/index? filterParam=region_code&filterParamCode=350800000000&page=1

续表

序号	城市	平台名称	城市类型	平台链接
34	福建省南平市	福建省公共数据资源统一开放平台南平市栏目	地级城市	https://data.fujian.gov.cn/oportal/catalog/index？filterParam＝region＿code&filterParamCode＝350700000000&page＝1
35	福建省宁德市	福建省公共数据资源统一开放平台宁德市栏目	地级城市	https://data.fujian.gov.cn/oportal/catalog/index？filterParam＝region＿code&filterParamCode＝350900000000&page＝1
36	福建省莆田市	福建省公共数据资源统一开放平台莆田市栏目	地级城市	https://data.fujian.gov.cn/oportal/catalog/index？filterParam＝region＿code&filterParamCode＝350300000000&page＝1
37	福建省泉州市	福建省公共数据资源统一开放平台泉州市栏目	地级城市	https://data.fujian.gov.cn/oportal/catalog/index？filterParam＝region＿code&filterParamCode＝350500000000&page＝1
38	福建省三明市	福建省公共数据资源统一开放平台三明市栏目	地级城市	https://data.fujian.gov.cn/oportal/catalog/index？filterParam＝region＿code&filterParamCode＝350400000000&page＝1
39	福建省漳州市	福建省公共数据资源统一开放平台漳州市栏目	地级城市	https://data.fujian.gov.cn/oportal/catalog/index？filterParam＝region＿code&filterParamCode＝350600000000&page＝1
40	甘肃省金昌市	金昌市人民政府数据开放栏目	地级城市	http://www.jcs.gov.cn/sjkf
41	甘肃省兰州市	兰州市政务数据开放门户	地级城市	http://data.zwfw.lanzhou.gov.cn
42	甘肃省陇南市	陇南市公共数据开放网	地级城市	http://data.zwfw.longnan.gov.cn
43	甘肃省平凉市	平凉市人民政府数据开放栏目	地级城市	http://www.pingliang.gov.cn/sjkf
44	广东省潮州市	开放广东－潮州市	地级城市	http://gddata.gd.gov.cn/data/dataSet/toDataSet/dept/515
45	广东省东莞市	开放广东－东莞市	地级城市	https://gddata.gd.gov.cn/opdata/base/collect？chooseValue＝collectForm&deptCode＝513&t＝1687675369125
46	广东省佛山市	开放广东－佛山市	地级城市	https://gddata.gd.gov.cn/data/dataSet/toDataSet/dept/38

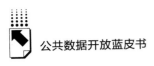
续表

序号	城市	平台名称	城市类型	平台链接
47	广东省河源市	开放广东－河源市	地级城市	http://gddata. gd. gov. cn/data/dataSet/toDataSet/dept/510
48	广东省惠州市	开放广东－惠州市	地级城市	https://gddata. gd. gov. cn/opdata/base/collect? chooseValue = collectForm&deptCode = 30&t = 1663134141859
49	广东省江门市	开放广东－江门市	地级城市	https://gddata. gd. gov. cn/opdata/base/collect? chooseValue = collectForm&deptCode = 47&t = 1663128595163
50	广东省揭阳市	开放广东－揭阳市	地级城市	http://gddata. gd. gov. cn/data/dataSet/toDataSet/dept/516
51	广东省茂名市	开放广东－茂名市	地级城市	http://gddata. gd. gov. cn/data/dataSet/toDataSet/dept/31
52	广东省梅州市	开放广东－梅州市	地级城市	https://gddata. gd. gov. cn/opdata/base/collect? chooseValue = coll ectForm&deptCode = 58&t = 1691133728625
53	广东省清远市	开放广东－清远市	地级城市	http://gddata. gd. gov. cn/data/dataSet/toDataSet/dept/512
54	广东省汕头市	开放广东－汕头市	地级城市	http://gddata. gd. gov. cn/data/dataSet/toDataSet/dept/28
55	广东省汕尾市	开放广东－汕尾市	地级城市	http://gddata. gd. gov. cn/data/dataSet/toDataSet/dept/59
56	广东省韶关市	开放广东－韶关市	地级城市	http://gddata. gd. gov. cn/data/dataSet/toDataSet/dept/37
57	广东省阳江市	开放广东－阳江市	地级城市	http://gddata. gd. gov. cn/data/dataSet/toDataSet/dept/511
58	广东省云浮市	开放广东－云浮市	地级城市	http://gddata. gd. gov. cn/data/dataSet/toDataSet/dept/517
59	广东省湛江市	开放广东－湛江市	地级城市	http://gddata. gd. gov. cn/data/dataSet/toDataSet/dept/32
60	广东省肇庆市	开放广东－肇庆市	地级城市	http://gddata. gd. gov. cn/data/dataSet/toDataSet/dept/518
61	广东省中山市	开放中山－中山市政府数据统一开放平台	地级城市	http://zsdata. zs. gov. cn/web

续表

序号	城市	平台名称	城市类型	平台链接
62	广东省珠海市	开放广东－珠海市	地级城市	https://gddata. gd. gov. cn/opdata/base/collect？chooseValue＝coll ectForm&deptCode＝40&t＝1663134292025
63	广西壮族自治区百色市	百色公共数据开放平台	地级城市	http：//bs. data. gxzf. gov. cn
64	广西壮族自治区北海市	北海公共数据开放平台	地级城市	http：//bh. data. gxzf. gov. cn
65	广西壮族自治区崇左市	崇左公共数据开放平台	地级城市	http：//cz. data. gxzf. gov. cn
66	广西壮族自治区防城港市	防城港公共数据开放平台	地级城市	http：//fcg. data. gxzf. gov. cn
67	广西壮族自治区贵港市	贵港公共数据开放平台	地级城市	http：//gg. data. gxzf. gov. cn
68	广西壮族自治区桂林市	桂林公共数据开放平台	地级城市	http：//gl. data. gxzf. gov. cn
69	广西壮族自治区河池市	河池公共数据开放平台	地级城市	http：//hc. data. gxzf. gov. cn
70	广西壮族自治区贺州市	贺州公共数据开放平台	地级城市	http：//hz. data. gxzf. gov. cn
71	广西壮族自治区来宾市	来宾公共数据开放平台	地级城市	http：//lb. data. gxzf. gov. cn
72	广西壮族自治区柳州市	柳州市公共数据开放平台	地级城市	http：//lz. data. gxzf. gov. cn
73	广西壮族自治区南宁市	南宁公共数据开放平台	地级城市	http：//nn. data. gxzf. gov. cn
74	广西壮族自治区钦州市	钦州市人民政府数据开放平台	地级城市	http：//qz. data. gxzf. gov. cn
75	广西壮族自治区梧州市	梧州公共数据开放平台	地级城市	http：//wz. data. gxzf. gov. cn
76	广西壮族自治区玉林市	玉林公共数据开放平台	地级城市	http：//yl. data. gxzf. gov. cn
77	贵州省安顺市	安顺市政府数据开放平台	地级城市	http：//data. guizhou. gov. cn/anshun

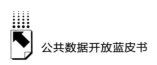
续表

序号	城市	平台名称	城市类型	平台链接
78	贵州省毕节市	毕节市人民政府数据开放栏目	地级城市	http://data.guizhou.gov.cn/bijie
79	贵州省贵阳市	贵阳市政府数据开放平台	地级城市	http://data.guizhou.gov.cn/guiyang
80	贵州省六盘水市	六盘水市政府数据开放平台	地级城市	http://data.guizhou.gov.cn/liupanshui
81	贵州省黔东南苗族侗族自治州	黔东南州政府数据开放平台	地级城市	http://data.guizhou.gov.cn/qiandongnanzhou
82	贵州省黔南布依族苗族自治州	黔南州政府数据开放平台	地级城市	http://data.guizhou.gov.cn/qiannanzhou
83	贵州省黔西南布依族苗族自治州	黔西南州政府数据开放平台	地级城市	http://data.guizhou.gov.cn/qianxinanzhou
84	贵州省铜仁市	铜仁市政府数据开放平台	地级城市	http://data.guizhou.gov.cn/tongren
85	贵州省遵义市	遵义市政府数据开放平台	地级城市	http://data.guizhou.gov.cn/zunyi
86	海南省三亚市	三亚市政府数据统一开放平台	地级城市	http://dataopen1.sanya.gov.cn
87	河北省承德市	承德市政府数据开放平台	地级城市	http://www.chengde.gov.cn/shuju/web
88	河北省衡水市	衡水市人民政府数据开放栏目	地级城市	http://www.hengshui.gov.cn/col/col51
89	河南省鹤壁市	鹤壁市人民政府数据开放栏目	地级城市	https://www.hebi.gov.cn/sjkf
90	黑龙江省大庆市	大庆公共数据开放平台	地级城市	http://dataopen.daqing.gov.cn
91	黑龙江省佳木斯市	佳木斯市政府数据开放平台	地级城市	http://data.jms.gov.cn
92	黑龙江省牡丹江市	牡丹江公共数据开放网站	地级城市	https://data.mdj.gov.cn/oportal
93	黑龙江省双鸭山市	双鸭山市政府数据开放平台	地级城市	http://www.shuangyashan.gov.cn/NewCMS/index/html/shujupt/index.jsp

续表

序号	城市	平台名称	城市类型	平台链接
94	湖北省鄂州市	鄂州市人民政府数据开放平台	地级城市	http://www.ezhou.gov.cn/sjkfn
95	湖北省恩施土家族苗族自治州	恩施州数据开放平台	地级城市	http://www.enshi.gov.cn/data
96	湖北省黄冈市	黄冈市人民政府数据开放栏目	地级城市	http://www.hg.gov.cn/col/col7161
97	湖北省黄石市	黄石市数据开放平台	地级城市	http://data.huangshi.gov.cn
98	湖北省荆门市	荆门市人民政府数据开放平台	地级城市	http://data.jingmen.gov.cn
99	湖北省荆州市	荆州市人民政府网数据开放栏目	地级城市	http://www.jingzhou.gov.cn/zfwsj
100	湖北省十堰市	十堰市人民政府数据开放平台	地级城市	http://opendata.shiyan.gov.cn
101	湖北省随州市	随州市公共数据开放平台	地级城市	http://www.suizhou.gov.cn/data
102	湖北省咸宁市	咸宁市人民政府数据开放栏目	地级城市	http://www.xianning.gov.cn/data
103	湖北省孝感市	孝感市人民政府数据开放栏目	地级城市	http://www.xiaogan.gov.cn/themeList.jspx
104	湖北省宜昌市	宜昌市公共数据开放平台	地级城市	http://data.yichang.gov.cn/kf
105	湖南省常德市	常德市人民政府政府数据栏目	地级城市	http://dataopen.changde.gov.cn
106	湖南省长沙市	长沙市政府门户网站数据开放平台	地级城市	http://www.changsha.gov.cn（试运行）
107	湖南省郴州市	郴州市人民政府数据开放平台	地级城市	http://www.czs.gov.cn/webapp/czs/dataPublic/index.jsp
108	湖南省娄底市	娄底市人民政府政府数据栏目	地级城市	http://nyncj.hnloudi.gov.cn/loudi/zfsj/zfsj.shtml
109	湖南省湘潭市	湘潭市政府数据开放平台	地级城市	http://www.xiangtan.gov.cn/wmh

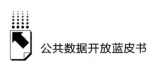

序号	城市	平台名称	城市类型	平台链接
110	湖南省益阳市	益阳市人民政府数据开放平台	地级城市	http://www.yiyang.gov.cn/webapp/yiyang2019/dataPublic/index.jsp
111	湖南省永州市	永州市数据开放平台	地级城市	http://www.yzcity.gov.cn/u/sjfb/cnyz
112	湖南省岳阳市	岳阳市人民政府政府数据栏目	地级城市	http://www.yueyang.gov.cn/webapp/yydsj/index.jsp
113	吉林省吉林市	吉林市公共信息资源开放平台	地级城市	http://jlsdata.jlcity.gov.cn/index?identifier=220200(试运行)
114	吉林省辽源市	辽源市人民政府数据开放栏目	地级城市	http://www.liaoyuan.gov.cn/xxgk/sjkf
115	江苏省常州市	常州市人民政府数据开放栏目	地级城市	http://opendata.changzhou.gov.cn
116	江苏省淮安市	淮安市数据开放服务网	地级城市	http://opendata.huaian.gov.cn/dataopen
117	江苏省连云港市	连云港市公共数据开放网	地级城市	http://www.lyg.gov.cn/data
118	江苏省南通市	南通市公共数据开放网	地级城市	http://data.nantong.gov.cn
119	江苏省苏州市	苏州市政府数据开放平台	地级城市	https://data.suzhou.gov.cn
120	江苏省宿迁市	宿迁市公共数据开放平台	地级城市	http://data.suqian.gov.cn/sjkfpt.shtml
121	江苏省泰州市	泰州市人民政府数据开放栏目	地级城市	http://opendata.taizhou.gov.cn
122	江苏省无锡市	无锡市数据开放平台	地级城市	http://data.wuxi.gov.cn
123	江苏省徐州市	徐州市公共数据开放平台	地级城市	http://data.gxj.xz.gov.cn
124	江苏省盐城市	盐城市人民政府公共数据开放平台	地级城市	https://www.yancheng.gov.cn/opendata
125	江苏省扬州市	开放扬州	地级城市	http://data.yangzhou.gov.cn

序号	城市	平台名称	城市类型	平台链接
126	江苏省镇江市	镇江市公共数据开放平台	地级城市	http://data.zhenjiang.gov.cn/portal
127	江西省抚州市	抚州市数据开放平台	地级城市	http://data.jxfz.gov.cn
128	江西省赣州市	赣州市政府数据开放平台	地级城市	http://zwkf.ganzhou.gov.cn/Index.shtml
129	江西省吉安市	吉安市政务数据开放平台	地级城市	http://ggfw.jian.gov.cn
130	江西省景德镇市	景德镇市人民政府数据开放栏目	地级城市	http://www.jdz.gov.cn/sjkf
131	江西省九江市	九江市人民政府数据开放栏目	地级城市	http://www.jiujiang.gov.cn/sjkf
132	江西省南昌市	南昌市人民政府数据开放栏目	地级城市	http://www.nc.gov.cn/ncszf/sjkfn/2021_sjkf
133	江西省萍乡市	萍乡市数据开放平台	地级城市	http://data.pingxiang.gov.cn
134	江西省上饶市	上饶市政府数据开放网站	地级城市	http://data.zgsr.gov.cn:2003
135	江西省新余市	新余市数据开放平台网站	地级城市	http://data.xinyu.gov.cn:81
136	江西省宜春市	宜春市数据开放平台	地级城市	http://data.yichun.gov.cn/extranet/openportal/pages/default
137	江西省鹰潭市	鹰潭市人民政府数据开放栏目	地级城市	http://www.yingtan.gov.cn/col/col26
138	内蒙古自治区阿拉善盟	阿拉善盟行政公署数据开放栏目	地级城市	http://www.als.gov.cn/col/col130
139	内蒙古自治区鄂尔多斯市	鄂尔多斯数据开放平台	地级城市	http://zwfw.ordos.gov.cn/dataOpen
140	内蒙古自治区呼和浩特市	呼和浩特市公共数据开放平台	地级城市	https://data.huhhot.gov.cn
141	内蒙古自治区乌海市	乌海市人民政府数据开放栏目	地级城市	http://fgw.wuhai.gov.cn/eportal/ui?pageId=828866
142	内蒙古自治区锡林郭勒盟	锡林郭勒公共信息资源统一开放网站	地级城市	http://www.xlgldata.gov.cn/portal

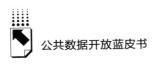

续表

序号	城市	平台名称	城市类型	平台链接
143	宁夏回族自治区石嘴山市	石嘴山政府数据开放平台	地级城市	http://szssjkf. nxszs. gov. cn
144	宁夏回族自治区银川市	银川市城市数据开放平台	地级城市	http://data. yinchuan. gov. cn
145	宁夏回族自治区中卫市	中卫市人民政府-数据开放	地级城市	http://www. nxzw. gov. cn/ztzl/sjkf
146	山东省滨州市	滨州公共数据开放网	地级城市	http://bzdata. sd. gov. cn
147	山东省德州市	德州公共数据开放网	地级城市	http://dzdata. sd. gov. cn
148	山东省东营市	东营公共数据开放网	地级城市	http://data. dongying. gov. cn
149	山东省菏泽市	菏泽公共数据开放网	地级城市	http://hzdata. sd. gov. cn
150	山东省济宁市	济宁公共数据开放网	地级城市	http://jindata. sd. gov. cn
151	山东省聊城市	聊城公共数据开放网	地级城市	http://lcdata. sd. gov. cn
152	山东省临沂市	临沂公共数据开放网	地级城市	http://lydata. sd. gov. cn
153	山东省日照市	日照公共数据开放网	地级城市	http://rzdata. sd. gov. cn
154	山东省泰安市	泰安公共数据开放网	地级城市	http://tadata. sd. gov. cn
155	山东省威海市	威海公共数据开放网	地级城市	http://whdata. sd. gov. cn
156	山东省潍坊市	潍坊公共数据开放网	地级城市	http://wfdata. sd. gov. cn
157	山东省烟台市	烟台公共数据开放网	地级城市	http://ytdata. sd. gov. cn
158	山东省枣庄市	枣庄公共数据开放网	地级城市	http://zzdata. sd. gov. cn
159	山东省淄博市	淄博公共数据开放网	地级城市	http://zbdata. sd. gov. cn
160	山西省长治市	长治市公共数据开放平台	地级城市	http://www. changzhi. gov. cn/odweb

续表

序号	城市	平台名称	城市类型	平台链接
161	山西省大同市	大同市数据开放公共平台	地级城市	http://www.dt.gov.cn/Dataopen
162	山西省晋城市	晋城市公共数据开放网	地级城市	http://data.jcgov.gov.cn/mainController.action？goIndex&nav=1
163	山西省朔州市	朔州市政务数据开放网	地级城市	http://data.shuozhou.gov.cn/index
164	山西省阳泉市	阳泉市政府数据开放网	地级城市	http://data.yq.gov.cn/odweb
165	山西省运城市	运城市数据开放平台	地级城市	https://sjkf.yczhcs.cn/portal/1-zh_CN
166	四川省阿坝藏族羌族自治州	阿坝州公共数据开放平台	地级城市	http://abadata.cn
167	四川省巴中市	巴中公共数据开放平台	地级城市	https://www.bzgongxiang.com
168	四川省达州市	达州市公共数据开放平台	地级城市	http://dazhoudata.cn/oportal
169	四川省德阳市	德阳市公共数据开放平台	地级城市	https://www.dysdsj.cn
170	四川省甘孜藏族自治州	甘孜藏族自治州政务信息开放网站	地级城市	http://www.gzzgov.net.cn
171	四川省广安市	广安市数据开放网站	地级城市	https://www.gadata.net.cn:80/opendoor/base/zh-cn/code
172	四川省广元市	广元公共数据开放网	地级城市	http://data.cngy.gov.cn/open
173	四川省乐山市	乐山市人民政府数据开放门户	地级城市	https://www.leshan.gov.cn/data
174	四川省凉山彝族自治州	凉山州数据开放网站	地级城市	http://data.lsz.gov.cn/oportal
175	四川省泸州市	泸州市政府数据开放平台	地级城市	https://data.luzhou.cn/portal
176	四川省眉山市	眉山市公共数据资源开放平台	地级城市	http://data.ms.gov.cn/portal

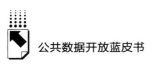

续表

序号	城市	平台名称	城市类型	平台链接
177	四川省绵阳市	绵阳市人民政府数据开放栏目	地级城市	http://data.mianyang.cn
178	四川省南充市	南充市人民政府政务信息开放	地级城市	http://www.nanchong.gov.cn/data
179	四川省内江市	内江市人民政府公共数据开放平台	地级城市	https://www.neijiang.gov.cn/neiJiangPublicData/homePage
180	四川省攀枝花市	攀枝花市政务数据开放平台	地级城市	http://data.pzhszwfw.com/oportal
181	四川省遂宁市	遂宁市人民政府网－数据开放栏目	地级城市	https://www.suining.gov.cn/data#
182	四川省雅安市	雅安市人民政府数据开放栏目	地级城市	https://www.yaandata.com
183	四川省宜宾市	宜宾市政务数据资源开放门户	地级城市	http://data.jjhxxhj.yibin.gov.cn/oportal
184	四川省资阳市	资阳市政务数据资源开放门户	地级城市	http://data.ziyang.gov.cn
185	四川省自贡市	自贡市政务信息资源开放门户网	地级城市	https://data.zg.cn/snww
186	西藏自治区拉萨市	拉萨市人民政府数据开放栏目	地级城市	http://www.lasa.gov.cn/lasa/sjkf1/common_list.shtml
187	西藏自治区林芝市	林芝市人民政府数据开放	地级城市	http://www.linzhi.gov.cn/linzhi/zwgk/sjkf.shtml
188	西藏自治区那曲市	那曲市人民政府数据开放栏目	地级城市	http://www.naqu.gov.cn/xxgk/sjkf
189	新疆维吾尔自治区博尔塔拉蒙古自治州	博尔塔拉蒙古自治州人民政府数据开放栏目	地级城市	http://www.xjboz.gov.cn/sjkf.htm
190	新疆维吾尔自治区昌吉回族自治州	昌吉回族自治州人民政府数据开放栏目	地级城市	http://www.cj.gov.cn/c/www/sjkf.jhtml

续表

序号	城市	平台名称	城市类型	平台链接
191	新疆维吾尔自治区哈密市	哈密市人民政府数据开放栏目	地级城市	http://www.hami.gov.cn/sjkf.htm
192	新疆维吾尔自治区克拉玛依市	克拉玛依市人民政府-数据开放栏目	地级城市	http://www.klmy.gov.cn/klmys/sjkf/sjkf.shtml
193	新疆维吾尔自治区克孜勒苏柯尔克孜自治州	克孜勒苏柯尔克孜自治州人民政府数据开放栏目	地级城市	https://www.xjkz.gov.cn/xjkz/c101836/kzdata.shtml
194	新疆维吾尔自治区乌鲁木齐市	乌鲁木齐市政务数据开放网	地级城市	http://zwfw.wlmq.gov.cn
195	云南省昭通市	昭通市人民政府数据开放栏目	地级城市	http://www.zt.gov.cn/OpenData.html
196	浙江省湖州市	湖州市公共数据开放平台	地级城市	http://data.huzhou.gov.cn
197	浙江省嘉兴市	嘉兴市公共数据开放平台	地级城市	https://data.jiaxing.gov.cn/jdop_front
198	浙江省金华市	金华市数据开放平台	地级城市	http://open.data.jinhua.gov.cn/jdop_front
199	浙江省丽水市	丽水市数据开放平台	地级城市	http://data.lishui.gov.cn
200	浙江省衢州市	衢州数据开放平台	地级城市	http://data.qz.zjzwfw.gov.cn
201	浙江省绍兴市	绍兴数据开放平台	地级城市	https://data.sx.zjzwfw.gov.cn
202	浙江省台州市	台州数据开放平台	地级城市	https://data.zjtz.gov.cn/tz/home
203	浙江省温州市	温州数据开放平台	地级城市	https://data.wenzhou.gov.cn/jdop_front/index.do
204	浙江省舟山市	舟山数据开放平台	地级城市	http://data.zs.zjzwfw.gov.cn:8092

B.2
中国公共数据开放利用报告
——城市报告（2024）

刘新萍　郑　磊　吕文增　张忻璐*

摘　要： 本报告展示了2024年度中国公共数据开放利用城市指数的评价指标体系、数据采集与分析方法、指数计算方法。报告显示，杭州市和德州市的综合表现最优；在4个单项维度上，上海市在准备度和利用层上表现最优，杭州市在服务层与数据层上表现最优。报告还通过"数林匹克"指标4年累计分值，反映城市在2020~2023年开放数据的持续水平。

关键词： 公共数据　城市　开放数林指数　数据开放利用

　　"中国开放数林指数"是我国首个深耕于评估公共数据开放利用水平的专业指数，由复旦大学数字与移动治理实验室制作和发布。自2017年首次发布以来，"中国开放数林指数"定期对我国各地公共数据开放利用水平进行综合评价，精心测量各地的"开放数木"，助推我国公共数据资源的供给流通与价值释放。

　　开放数林指数将直辖市、副省级城市和地级城市作为一个"空间"和

---

*　刘新萍，博士，上海理工大学管理学院副教授，兼任复旦大学数字与移动治理实验室执行副主任，研究方向为数字治理、数据开放与授权运营、跨部门数据共享与协同；郑磊，博士，复旦大学国际关系与公共事务学院教授、博士生导师，数字与移动治理实验室主任，研究方向为数字治理、公共数据资源开发利用、治理数字化转型等；吕文增，南京大学数据管理创新研究中心博士生，复旦大学数字与移动治理实验室研究助理，研究方向为公共数据开放、数字治理；张忻璐，复旦大学管理学硕士，复旦大学数字与移动治理实验室副主任，研究方向为公共数据开放。

"聚落"，而不仅是"层级"来进行评测，并发布《中国公共数据开放利用报告——城市报告（2024）》。

一　城市指标体系与评估方法

（一）评估指标体系

开放数林指数邀请国内外政界、学术界、产业界 70 余位专家共同参与，组成"中国开放数林指数"评估专家委员会，以体现跨界、多学科、第三方的专业视角。专家委员会基于数据开放的基本理念和原则，立足我国公共数据资源开发利用的政策要求与地方实践，借鉴国际数据开放评估经验，构建起一个系统、专业、可操作的公共数据开放评估指标体系，并每年根据最新发展态势和重点难点问题进行动态调整。

2023 开放数林指数在指标体系和评估方法上的调整重点如下。

1. 从"政府数据开放"迈向"公共数据开放"

开放数林指数将评估对象从"政府数据"扩展为"公共数据"，即各级党政机关、企事业单位依法履职或提供公共服务过程中产生的公共数据。2021 年，《中华人民共和国国民经济和社会发展第十四个五年规划和2035 年远景目标纲要》提出"扩大基础公共信息数据安全有序开放，探索将公共数据服务纳入公共服务体系，构建统一的国家公共数据开放平台和开发利用端口"。2022 年，《中共中央 国务院关于构建数据基础制度更好发挥数据要素作用的意见》要求"对各级党政机关、企事业单位依法履职或提供公共服务过程中产生的公共数据，加强汇聚共享和开放开发""对不承载个人信息和不影响公共安全的公共数据，推动按用途加大供给使用范围"。

2. 将"公共数据授权运营"纳入评测内容

自 2023 年起，开放数林指数将各地在公共数据授权运营方面的探索和成果也纳入评测内容。

2021 年，《中华人民共和国国民经济和社会发展第十四个五年规划和

2035 年远景目标纲要》指出"开展政府数据授权运营试点，鼓励第三方深化对公共数据的挖掘利用"。2022 年，《中共中央 国务院关于构建数据基础制度更好发挥数据要素作用的意见》指出"鼓励公共数据在保护个人隐私和确保公共安全的前提下，按照'原始数据不出域、数据可用不可见'的要求，以模型、核验等产品和服务等形式向社会提供"。

开放数林指数认为，公共数据开放和授权运营的目的都是畅通公共数据资源的大循环，降低市场和社会主体获取公共数据的门槛，释放公共数据的价值，两者相辅相成，又各有侧重。因此，开放数林指数将一个地方的公共数据开放和授权运营水平作为整体，评价该地方释放公共数据价值的总体成效。2023 开放数林指数具体从以下几个方面初步开展对公共数据授权运营的评估。

准备度评测关注各地制定和出台的与授权运营相关的法规政策，以促进和规范公共数据授权运营工作；服务层评测关注数据开放平台与授权运营平台之间的联通协同以及数据目录的整体展现；数据层评测关注授权运营数据的数量、种类、透明度和可理解性等方面；利用层评测聚焦数据授权运营的成果产出及其价值。

3. 将评估维度"平台层"更名为"服务层"

2023 开放数林指数将平台层更名为服务层，以强调数据开放和授权运营平台的持续运营与有效服务。具体而言，进一步下调了平台功能设置相关指标的权重，提高了数据获取、互动反馈、回应落实等体现平台实际运营服务水平的指标的权重，即不是看"平台对用户说了什么"，而是看"有没有说到做到"。

4. 强化需求驱动和利用导向

开放数林指数进一步强化数据开放和授权运营的需求驱动和利用导向。需求、开放和运营、利用之间具有循环并进的关系，市场和社会对公共数据的需求是开放和运营的起点和依据，而开放和运营又是利用的基础，利用则是开放和运营的目的，反之，利用又能激发出新的需求，从而进一步促进开放和运营。

具体而言，开放数林指数在以下几个方面强化对需求驱动和利用导向的评估：准备度评测重视相关法规政策中对需求征集、需求回应以及开放范围、目录按需动态调整等方面作出的要求；服务层评测重视平台对用户所提需求的实际回应与落实情况；数据层评测增加对高需求高容量关键数据集开放数量的评测；利用层评测关注数据开放带来的经济和社会价值，以及数据开放利用赛事中形成的创新方案的落地转化情况，并在成果数量指标中新增对基于开放数据发表的科研论文的评测。

5. 增加对公共治理、公益服务类数据的评测

2022年，《中共中央 国务院关于构建数据基础制度更好发挥数据要素作用的意见》指出"推动用于公共治理、公益事业的公共数据有条件无偿使用"。因此，开放数林指数在2022年重点对企业注册登记、交通、气象、卫生4个领域的关键数据集开展评测的基础上，本年度进一步将教育、社会民生等领域纳入关键数据集范围进行评测。

6. 细化对数据质量的评测

在数据层评测中，兼顾数据容量增长的总量与质量，加强对数据的完整性、及时性与持续性等方面的评测；增强对实时动态数据接口的评测；增加对社会高需求数据集其关键字段开放情况的评测。

7. 注重普惠包容

评测政策法规中对多种社会主体平等获取数据作出的要求，评测平台在开放协议及在有条件开放数据的申请条件设置中是否贯彻了非歧视性原则，并注重开放数据大赛的参与门槛与社会参与度。

基于以上调整重点，2023中国开放数林指数（城市）指标体系共包括准备度、服务层、数据层、利用层4个维度及下属多级指标（见图1）。

准备度是"数根"，是数据开放的基础，包括法规政策、组织推进2个一级指标。

服务层是"数干"，是数据开放的中枢，包括平台体系、功能运营、权益保障、用户体验4个一级指标。

数据层是"数叶"，是数据开放的核心，包括数据数量、开放范围、数据质量、安全保护4个一级指标。

图 1　2023 中国开放

	权重	一级指标	权重	二级指标
数果 15% 利用层	2.0%	利用促进	1.5%	创新大赛
			0.5%	引导智能活动
	1.0%	利用多样性	0.5%	成果形式多样性
			0.5%	成果主题多样性
	4.5%	成果数量	2.0%	有效服务应用数量
			0.75%	研究成果数量
			0.5%	其他形式有效成果数量
			0.25%	授权运营成果数量
			1.0%	成果有效率
	4.5%	成果质量	2.0%	成果有效性
			1.5%	服务应用质量
			1.0%	创新方案质量及落地性
	3.0%	成果价值	0.7%	数字政府
			1.2%	数字经济
			1.1%	数字社会
数叶 50% 数据层	14.0%	数据数量	4.0%	有效数据集总数
			4.5%	单个数据集平均容量
			5.5%	高需求高容量关键数据集
	8.5%	开放范围	2.0%	主题与部门多样性
			1.5%	公共数量来源多样性
			1.0%	基础性数据集
			2.5%	高需求数据集
			1.5%	包容性数据集
	25.0%	数据质量	3.5%	可获取性
			3.0%	可用性
			3.5%	可理解性
			5.0%	完整性
			6.5%	及时性
			3.5%	持续性
	2.5%	安全保护	0.5%	个人隐私数据保护
			2.0%	失效数据撤回
	1.0%	平台体系	0.5%	区域协同性
			0.5%	开放-运营平台联通性
数干 20% 服务层	14.0%	功能运营	2.25%	发现预览
			6.5%	数据集获取
			1.0%	社会数据及成果提交展示
			4.25%	互动反馈
	3.0%	权益保障	1.75%	开放协议
			1.25%	权益申诉
	2.0%	用户体验	1.0%	数据发现体验
			1.0%	数据获取体验
数根 15% 准备层	10.0%	法规政策	3.5%	法规政策完备性
			3.0%	开放利用要求
			2.0%	安全保护要求
			1.5%	保障机制
	5.0%	组织推进	1.5%	主管部门与内设处室
			1.5%	重视与支持
			2.0%	年度工作计划

（城市）指标体系

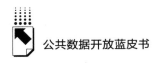
利用层是"数果"，是数据开放的成效，包括利用促进、利用多样性、成果数量、成果质量、成果价值 5 个一级指标。

（二）评估对象

开放数林指数将直辖市、副省级城市和地级城市作为"空间"和"聚落"，而不仅是"层级"来进行评测。根据公开报道，以及使用"数据+开放""数据+公开""公共+数据""地名+数据""地名+公共数据""地名+公共数据开放"等关键词进行搜索，发现了截至 2023 年 8 月我国已上线的地方公共数据开放平台，并从中筛选出符合以下条件的平台。

①原则上平台域名中需出现 gov.cn，作为确定其为政府官方数据开放平台的依据。

②平台由行政级别为地级以上的地方政府建设和运营（不含港澳台）。

③开放形式为开设专门、统一的地方公共数据开放平台，或是在政府官网上开设专门栏目进行集中开放，由条线部门建设的开放数据平台不在评估范围内。

本次评估中，共发现符合以上条件的城市公共数据开放平台 204 个。报告将上线了这些平台的城市作为评估对象。具体城市、平台名称和平台链接如 B.1 附表 2 所示。

此外，报告还使用"数据+开放""公共数据+运营""公共数据+服务""政务数据+运营""政务数据+服务"等关键词进行搜索或通过数据开放平台提供的入口进行搜索，发现截至 2023 年 9 月我国已上线的城市公共数据授权运营平台或专区，如表 1 所示。

表 1　城市公共数据授权运营平台或专区

序号	平台名称	城市	链接
1	成都市公共数据授权运营服务平台	成都市	https://www.cddataos.com/newIndex
2	杭州市公共数据授权运营专区	杭州市	https://data.hangzhou.gov.cn
3	南京市公共数据运营服务平台	南京市	https://public.njbigdata.cn/newIndex
4	青岛市公共数据授权运营平台	青岛市	http://qddataops.com

（三）数据采集与分析方法

准备度评估主要对相关法律法规、政策、标准规范、年度计划与工作方案、新闻报道等资料进行了描述性统计分析和文本分析。搜索方法主要包括以下两种：一是在搜索引擎以关键词检索相关法规与政策文本、标准规范、年度工作计划、政府工作报告、数字政府方案，以及数据开放和授权运营主管部门的信息；二是在地方政府门户网站以及公共数据开放平台与授权运营平台上通过人工观察和关键词检索采集数据。数据采集时间截至 2023 年9 月。

服务层评估主要采用人工观察和测试法对各地公共数据开放平台与授权运营平台提供的服务进行观测并做描述性统计分析，并对平台的回复时效和回复质量进行了评估。数据采集截止时间为 2023 年 9 月。此外，服务层还引入了"体验官"对用户在数据发现与数据获取过程中的实际体验进行评测，"体验官"评测与人工观察同时进行。

数据层评估主要通过机器自动抓取和处理各地公共数据开放平台与授权运营平台上提供的数据，结合人工观察采集相关信息，然后对数据进行描述性统计分析、交叉分析、文本分析和空间分析。数据采集时间截至 2023 年9 月。

利用层评估主要对各地公共数据开放平台与授权运营平台上展示的利用成果进行了人工观察和测试，对 2021 年以来各地开展的开放数据创新利用比赛信息进行了网络检索，并对采集到的数据进行了描述性统计分析。数据采集时间截至 2023 年 9 月。

此外，为确保采集信息准确，避免遗漏，部分指标采取报告制作方自主采集和向各地征集相结合的方式。各地征集结果经过报告制作方验证后纳入数据范围。

同时，本次评估发现，个别已上线的地方平台出现无法访问造成数据供给中断的情况，或虽然平台仍在线，但实际上无法通过平台获取数据。

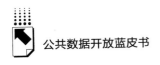

（四）指数计算方法

指数制作方基于各地在各项评估指标上的实际表现从低到高按照 0~5 分共 6 档分值进行评分，其中 5 分为最高分，相应数据缺失或完全不符合标准则分值为 0。对于连续型统计数值类数据则使用极差归一法将各地统计数据结果换算为 0~5 分的数值作为该项得分。

各地平台在准备度、服务层、数据层、利用层 4 个维度上的指数总分等于每个单项指标的分值乘以相应权重所得到的加权总和。基于指标本身的重要性、各地在各项指标上的平均达标情况和地区间差距配置权重。最终，各地开放数林指数等于准备度指标分值、服务层指标分值、数据层指标分值、利用层指标分值乘以相应权重的加权平均分。城市开放数林指数计算公式如下：

$$\text{城市开放数林指数} = \Sigma(\text{准备度指标分值} \times \text{权重}) \times 15\% + \\ \Sigma(\text{服务层指标分值} \times \text{权重}) \times 20\% + \\ \Sigma(\text{数据层指标分值} \times \text{权重}) \times 50\% + \\ \Sigma(\text{利用层指标分值} \times \text{权重}) \times 15\%$$

二 城市公共数据开放概貌

截至 2023 年 8 月，我国已有 226 个省份和城市的地方政府上线了数据开放平台，其中，省级平台 22 个（含省和自治区，不含直辖市和港澳台，下同），城市平台 204 个（含直辖市、副省级与地级行政区，下同）。与 2022 年下半年相比，新增 18 个地方平台，其中包含 1 个省级平台和 17 个城市平台，平台总数增长约 9%。自 2017 年起全国地级及以上政府公共数据开放平台数量持续增长，从 2017 年报告首次发布时的 20 个到 2023 年 8 月的 226 个，如图 2 所示。

目前，我国 60.53% 的城市已上线了公共数据开放平台。自 2012 年上海市和北京市率先上线数据开放平台以来，城市平台数量逐年增长，目前已达到 204 个，如图 3 所示。各城市平台上线时间如表 2 所示。

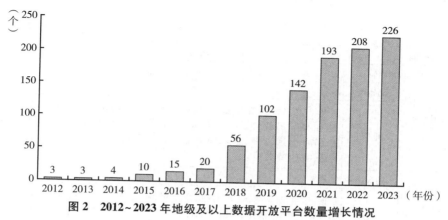

图2 2012~2023年地级及以上数据开放平台数量增长情况

注：2023年为截至8月数据。

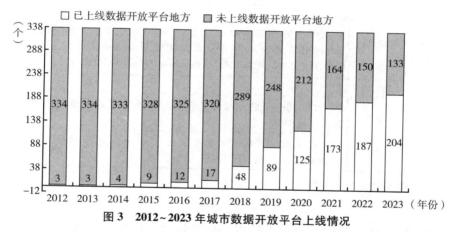

图3 2012~2023年城市数据开放平台上线情况

注：2023年为截至8月数据。

表2 城市数据开放平台上线时间（按拼音首字母排序）

上线时间		城市
2017年 及之前	直辖市	北京、上海
	副省级	广州、哈尔滨、青岛、深圳、武汉
	地级	长沙、东莞、佛山、荆门、梅州、无锡、阳江、扬州、湛江、肇庆
2018年	副省级	成都、济南、南京、宁波
	地级	滨州、德州、东营、贵阳、菏泽、惠州、济宁、江门、聊城、临沂、六安、马鞍山、日照、石嘴山、苏州、泰安、铜仁、威海、潍坊、乌海、宣城、烟台、银川、枣庄、中山、珠海、淄博

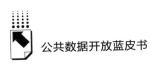

续表

上线时间	城市	
2019 年	直辖市	天津
	副省级	厦门
	地级	蚌埠、常德、常州、潮州、福州、抚州、阜阳、广元、河源、湖州、淮安、黄冈、黄山、佳木斯、揭阳、连云港、六盘水、泸州、茂名、绵阳、南宁、南通、内江、黔东南、黔南、清远、三亚、汕头、汕尾、韶关、宿迁、遂宁、泰州、徐州、雅安、永州、云浮、中卫、遵义
2020 年	副省级	杭州
	地级	承德、达州、防城港、赣州、甘孜、桂林、衡水、金华、九江、克拉玛依、拉萨、乐山、丽水、林芝、柳州、陇南、南昌、南充、萍乡、钦州、衢州、上饶、绍兴、双鸭山、台州、铜陵、温州、乌鲁木齐、芜湖、孝感、宜宾、宜昌、鹰潭、舟山、资阳
2021 年	直辖市	重庆
	地级	阿坝、阿拉善、巴中、百色、北海、博尔塔拉、亳州、毕节、长治、郴州、池州、崇左、大庆、大同、德阳、鄂州、恩施、广安、贵港、哈密、贺州、河池、淮北、吉安、嘉兴、景德镇、荆州、兰州、凉山、来宾、娄底、眉山、那曲、攀枝花、十堰、宿州、随州、梧州、湘潭、新余、盐城、宜春、益阳、玉林、岳阳、镇江、自贡
2022 年	副省级	沈阳
	地级	鄂尔多斯、鹤壁、合肥、晋城、克孜勒苏、辽源、平凉、黔西南、朔州、锡林郭勒、阳泉、运城、昭通
2023 年	地级	安顺、昌吉、滁州、呼和浩特、淮南、黄石、吉林、金昌、龙岩、牡丹江、南平、宁德、莆田、泉州、三明、咸宁、漳州

注：2023 年为截至 8 月数据。

　　截至 2023 年 8 月，所有直辖市，以及福建、广东、广西、贵州、湖北、江苏、江西、山东、四川、浙江的所有下辖地市已上线了公共数据开放平台，形成我国最为密集的城市"开放数林"。同时，安徽省内的绝大多数地市也已上线了开放平台。然而，陕西、青海省内的所有地市以及海南、河南、吉林、辽宁和云南省内的绝大多数地市尚未上线公共数据开放平台。

　　《中华人民共和国国民经济和社会发展第十四个五年规划和2035 年远景目标纲要》明确提出"开展政府数据授权运营试点，鼓励第三方深化对公共数据的挖掘利用"。当前，部分地方已在积极探索授权运营工作，截至

2023年9月，各城市已正式出台的与公共数据授权运营相关的法规政策如表3所示，发布的相关征求意见稿如表4所示。

表3 城市公共数据授权运营相关法规政策

城市	文件	发布时间
四川省成都市	成都市公共数据运营服务管理办法	2020年10月
上海市	上海市数据条例	2021年11月
贵州省安顺市	安顺市公共数据资源授权开发利用试点实施方案	2021年11月
广东省广州市	广州市数字经济促进条例	2022年4月
山东省青岛市	青岛市公共数据运营试点突破攻坚方案	2022年10月
江苏省苏州市	苏州市数据条例	2022年10月
北京市	关于推进北京市数据专区建设的指导意见	2022年11月
山东省青岛市	青岛市公共数据运营试点管理暂行办法	2023年4月
内蒙古自治区包头市	包头市公共数据运营管理试点暂行办法	2023年7月
吉林省长春市	长春市公共数据授权运营管理办法	2023年8月
浙江省杭州市	杭州市公共数据授权运营实施方案（试行）	2023年9月
浙江省温州市	温州市公共数据授权运营管理实施细则（试行）	2023年9月

注：时间截至2023年9月。

表4 城市公共数据授权运营相关法规政策征求意见稿

城市	文件	发布时间
山东省东营市	东营市公共数据授权运营暂行管理办法（征求意见稿）	2023年4月
四川省达州市	达州市公共数据授权运营管理办法（征求意见稿）	2023年6月
四川省遂宁市	遂宁市公共数据运营管理办法（征求意见稿）	2023年7月
湖南省长沙市	长沙市政务数据运营暂行管理办法（征求意见稿）	2023年7月
北京市	北京市公共数据专区授权运营管理办法（征求意见稿）	2023年7月
广东省广州市	广州市数据条例（征求意见稿）	2023年7月
山东省济南市	济南市公共数据授权运营办法（征求意见稿）第二版	2023年8月
浙江省宁波市	宁波市公共数据授权运营管理实施细则（试行）（征求意见稿）	2023年8月
山东省德州市	德州市公共数据授权运营管理暂行办法（征求意见稿）	2023年9月
浙江省丽水市	丽水市公共数据授权运营管理实施细则（试行）（征求意见稿）	2023年9月
浙江省金华市	金华市公共数据授权运营实施细则（试行）（征求意见稿）	2023年9月

注：时间截至2023年9月。

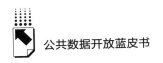

三 城市开放数林指数

（一）城市开放数林指数

截至 2023 年 9 月，中国开放数林指数城市综合表现如表 5 所示，报告基于综合指数分值将各地的公共数据开放利用水平分为五个"开放数级"。杭州与德州综合表现最优，开放数级为"五棵数"。其次是日照、济南、上海与青岛，这些城市也表现优异，开放数级为"四棵数"。再次是济宁、东营、温州、深圳等城市。在四个单项维度上，在全国所有 204 个城市中，上海在准备度和利用层上表现最优，杭州在服务层与数据层上表现最优。

表 5　中国开放数林指数城市综合表现

开放数级	城市
五棵数	杭州、德州
四棵数	日照、济南、上海、青岛
三棵数	济宁、东营、温州、深圳、成都、台州、威海、无锡、宁波
二棵数	烟台、贵阳、潍坊、丽水、临沂、淄博、广州、枣庄、衢州、滨州、嘉兴、湖州、武汉、厦门、聊城、天津、泰安、菏泽、苏州、北京
一棵数	凉山、遵义、达州、德阳、宜宾、东莞、舟山、来宾、泰州、重庆、南宁、哈尔滨、金华、绍兴、佛山
暂未上榜	其他城市

注：若了解指数得分详细情况，请查看 www.ifopendata.cn。

截至 2023 年 9 月，城市开放数林指数分值较高的城市主要集中在东部沿海地区的山东省、浙江省和上海市。同时，华南地区的深圳、西南地区的成都和贵阳也表现优秀，成为所在地区的优质"数木"。

直辖市综合表现如表 6 所示，上海综合表现最优。

表6　直辖市综合表现

城市	准备度指数	服务层指数	数据层指数	利用层指数	综合指数
上海	11.25	15.42	24.90	12.00	63.57
天津	7.23	7.29	21.58	6.46	42.56
北京	6.66	6.73	21.53	5.85	40.77
重庆	8.58	9.17	12.47	4.90	35.12

副省级城市综合表现如表7所示，杭州综合表现最优。

表7　副省级城市综合表现

城市	准备度指数	服务层指数	数据层指数	利用层指数	综合指数
杭州	9.97	17.00	42.77	10.14	79.88
济南	9.99	15.24	28.89	9.65	63.77
青岛	7.80	15.16	29.12	10.54	62.62
深圳	5.50	12.92	29.34	11.51	59.27
成都	7.63	14.57	26.63	9.85	58.68
宁波	6.54	11.00	26.05	7.33	50.92
广州	6.34	12.82	22.99	4.45	46.60
武汉	5.60	10.87	20.20	6.64	43.31
厦门	5.03	9.81	22.43	5.75	43.02
哈尔滨	4.91	10.25	15.97	3.35	34.48

地级城市综合表现如表8所示，德州综合表现最优。

表8　地级城市综合表现

城市	准备度指数	服务层指数	数据层指数	利用层指数	综合指数
德州	10.14	16.21	40.79	11.24	78.38
日照	8.82	15.30	34.17	8.94	67.23
济宁	6.17	15.05	34.97	6.39	62.58
东营	8.19	13.78	33.81	6.77	62.55
温州	8.28	13.55	29.21	11.42	62.46
台州	7.77	13.97	28.28	8.10	58.12
威海	6.57	12.95	31.65	4.22	55.39
无锡	4.39	15.18	26.40	6.85	52.82
烟台	6.36	12.62	24.51	7.20	50.69
贵阳	7.70	13.67	20.86	8.40	50.63

（二）城市"数林匹克"指数

数据开放是一场马拉松，而不是速滑赛，不在于一个地方是否跑得早、跑得急，而在于这个地方能否跑得长、跑得久。报告继续通过 2020~2023 年"数林匹克"指数累计分值，反映地方开放数据的持续水平。城市"数林匹克"指数由 2020~2023 年该城市的全年开放数林综合指数的分值累加而成。表 9 为 2020~2023 年代表性城市"数林匹克"指数累计分值。

表 9　2020~2023 年代表性城市"数林匹克"指数累计分值

城市	2020~2023 年累计分值	城市	2020~2023 年累计分值
上海	267.22	贵阳	216.30
杭州	257.94	潍坊	212.94
青岛	253.01	无锡	212.45
德州	247.24	济宁	212.43
深圳	239.26	威海	210.65
日照	238.95	临沂	207.86
济南	236.67	宁波	203.92
温州	235.36	东营	202.68
烟台	224.52	成都	198.42
台州	217.12	滨州	190.27

四　城市数林标杆

（一）杭州市

杭州市制定了《杭州市公共数据授权运营实施方案（试行）》，以规范公共数据授权运营管理，加快公共数据有序开发利用。杭州市在公共数据开放平台上设有公共数据授权运营专区，点击后即可进入授权运营平台，还将授权运营数据作为"受限开放类"数据列入开放平台提供的数据目录（见图 4），从而在平台入口和数据目录上实现了数据开放和授权运营工作的协同联动，便于用户发现、获取和利用公共数据。

信息资源代码	信息资源名称	信息资源摘要	信息资源格式	数据领域	行业分类	更新频率	所属行政区划	发布日期	信息项中文名称	信息项英文名称	数据类型	是否向社会开放	开放条件
qeeQB/202100414104155894238	市民卡公交账户记录信息	全市公共交通卡账户信息	电子文件	交通运输	公共管理、社会保障和社会组织	1	市级	2023-7-25 15:01:39	卡号 卡类型 交易日期 车号 分隔列[列]	cardno cardtype tradetime carno fmsj	C C D C C	Y Y Y Y Y	2 2 2 2 2
eeIN/202309121173170257255	严重孕期儿童免疫信息	全市严重孕期儿童免疫信息	电子文件	医疗卫生	卫生和社会工作	999	市级	2023-9-18 17:37:57	新生儿经纬名称（所） 姓名 儿童ID	xsebzmcx etid	C C C	Y Y Y	2 2 2
eeIN/202309131016357791	家庭医生约签约信息（数据中心）	全市居民签约信息数据据	电子文件	医疗卫生	卫生和社会工作	-1	市级	2023-9-18 17:37:57	签约记录ID 患者姓名 性别 签约年度 签约机构名称 签约团队姓名 签约日期 常住地址行政区划代码[列]	qylid hzxm xb qynd qyjgmc qytdxm qyrq czhxat czdxzqhdm	C C C C C C C C C	Y Y Y Y Y Y Y Y N	2 2 2 2 2 2 2 2 2
EhhZ/202103110095520031069	杭州市残联智能服务平台成年人残疾人信息及云平台残疾人信息	按比例就业办残疾人信息及残疾人信息单位名称	电子文件	机构团体	卫生和社会工作	999	市级	2022-3-09 10:53:23	身份证号 姓名 残疾证号 残疾等级 企业全称 驻留开始时间[列] 驻留结束时间[列] 日期	ID CITIZEN_ID NAME DISABLE_CARD DISABLE_TYPE DISABLE_LEVEL ENT_NAME EMP_BTIME_ACT EMP_ETIME_ACT value_end_dtm	C C C C C C C D D D	N N N N Y Y Y N N Y	2 2 2 2 2 2 2 2 2 2
nQBhV/202011250923331212324	杭州市路数据属，实时昨日客流量信息	杭州地铁车站站日客流量信息	电子文件	交通运输	交通运输、仓储和邮政业	1	市级	2022-10-18 10:46:48	车站编码 车站名称 进站客流 出站客流 线路名称 线路编码	station_code station_name jzkl ccl hrbl line_name line_code	C C N N N C C	Y Y Y Y Y Y Y	2 2 2 2 2 2 2
nQBhV/202320411704403318797	杭州市地铁线路属，上下则时刻信息	杭州地铁线路属，上下则时刻信息	电子文件	交通运输	交通运输、仓储和邮政业	1	市级	2023-10-23 18:45:34	站台名称[列] 数据编[列] 车次名称 行车方向 到站时间[列] 车站编码 线路编码 行车方向编码[列]	value_end_dtm station_name direction arrviv_time order_no train_seq_no station_code line_code direction_code	D C C C D C C C C	Y Y Y Y Y Y Y Y Y	2 2 2 2 2 2 2 2 2
211QB/202107201642553311999	深圳政府的不动产权政信息	深圳市在线政信息政政信息	电子文件	科技创新	公共管理、社会保障和社会组织	999	市级	2021-11-24 17:16:13	序号 地市 区县 行政区划代码[列] 发布部门 发布平台	Number cityName areaName areaCode policyName publishDate destName	C C C N C D C	Y Y Y Y Y Y Y	2 2 2 2 2 2 2
211QB/202107301123339148348	2019年杭州市政府阳政社会资本合作项目（EJ,JI类别）	2019年杭州市政府阳政社会资本合作项目	电子文件	城乡建设	卫生和社会工作	-1	市级	2021-11-24 17:42:32	项目名称 项目目一—代码 项目所在地 建设内容及规模 总投资（万元）	destPlatform Number projectName projectCode projectStage projectLocation xmScale allinVest	C C C C C C C C	Y Y Y Y Y Y Y Y	2 2 2 2 2 2 2 2

图 4 杭州市在开放目录中将授权运营数据作为"受限开放类"数据列入

资料来源：杭州市数据开放平台，https://data.hangzhou.gov.cn/dop/img。

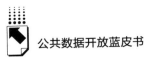

杭州市在企业注册登记、交通运输与教育等领域开放了较多的高需求、高容量、高质量数据集，具有较高的利用价值。杭州市数据开放平台上开放的"停车场空闲状态（杭州）信息"可通过接口调用数据，如图5所示。

图5 杭州市按分钟更新的"停车场空闲状态（杭州）信息"数据接口

资料来源：杭州市数据开放平台，https：//data. hangzhou. gov. cn/dop/tpl/dataOpen/apiDetail. html。

杭州市数据开放平台还为授权运营数据提供了详细的元数据信息和数据项说明，并提供了样本数据，帮助用户更清晰地了解数据结构与内容。以授权运营数据集"杭州市地铁集团_计划时刻信息"为例，图6展示了该数据集的元数据信息和数据项说明，图7展示了该数据集的抽样数据。

目录 杭州市地铁集团 计划时刻信息

评分 ★ ★ ★ ★ ★

👍 评分　　☁ 点击收藏　　❗ 报错　　点击订阅

摘要	杭州地铁计划时刻信息				
资源代码	nQBNV/2022041517044033...	更新周期	每日	资源格式	数据库-MySQL
发布部门	杭州市-市地铁集团	数源单位地址	杭州市上城区九和路516号	联系电话	0571-56561994
下载量	0	访问量	40	数据量	119042
数据领域	交通运输	主题分类	交通	服务分类	惠民服务
开放等级	受限开放	开放条件	申请人说明数据应用场景、用...	数据范围	本市
目录首次发布时间	2022-09-01 09:12:30	目录更新时间	2022-09-01 09:24:36	数据更新时间	2023-10-22 09:19:15
所属区县	杭州市	评分/评价次数	0	行业分类	交通运输、仓储和邮政业
数据使用协议	查看	抽样数据下载	下载		
数据格式	API				

数据项　　关联信息　　相关应用

序号	英文名称	中文名称	字段类型	字段长度	字段精度	是否主键
1	line_name	线路名称	C	150	无	✕
2	value_end_dttm	数据时间	D	19	无	✕
3	station_name	车站名称	C	150	无	✕
4	direction	行车方向	C	200	无	✕
5	order_no	顺序号	N	10	无	✕
6	arrvie_time	到站时间	C	100	无	✕
7	train_seq_no	车次号	C	200	无	✕
8	station_code	车站编号	C	150	无	✕
9	line_code	线路编码	C	150	无	✕
10	direction_code	行车方向编码	C	45	无	✕

图6　杭州市授权运营数据集"杭州市地铁集团_计划时刻信息"
元数据信息和数据项说明

资料来源：杭州市数据开放平台，https：//data. hangzhou. gov. cn/dop/tpl/dataOpen/data CataLogDetail. html？source_id＝79327。

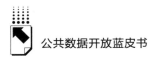

线路名称	数据时间	车站名称	行车方向	顺序号	到站时间	车次号	车站编号	线路编码	行车方向编码
6号线	2023-10-23	枸桔弄站	往双浦方向	114	22:57	31115	L060136	L06	0902
6号线	2023-10-23	枸桔弄站	往双浦方向	113	22:42	20119	L060136	L06	0902
6号线	2023-10-23	枸桔弄站	往双浦方向	112	22:32	21417	L060136	L06	0902
6号线	2023-10-23	枸桔弄站	往双浦方向	111	22:22	21317	L060136	L06	0902
6号线	2023-10-23	枸桔弄站	往双浦方向	110	22:12	21217	L060136	L06	0902
6号线	2023-10-23	枸桔弄站	往双浦方向	109	22:01	30513	L060136	L06	0902
6号线	2023-10-23	枸桔弄站	往双浦方向	108	21:50	30413	L060136	L06	0902
6号线	2023-10-23	枸桔弄站	往双浦方向	107	21:39	20817	L060136	L06	0902
6号线	2023-10-23	枸桔弄站	往双浦方向	106	21:29	20717	L060136	L06	0902
6号线	2023-10-23	枸桔弄站	往双浦方向	105	21:20	20617	L060136	L06	0902
6号线	2023-10-23	科海路站	往双浦方向	81	18:09	20613	L060128	L06	0902
6号线	2023-10-23	科海路站	往双浦方向	82	18:18	20713	L060128	L06	0902
6号线	2023-10-23	科海路站	往双浦方向	83	18:27	20813	L060128	L06	0902
6号线	2023-10-23	科海路站	往双浦方向	84	18:36	20913	L060128	L06	0902
6号线	2023-10-23	科海路站	往双浦方向	85	18:44	21015	L060128	L06	0902
6号线	2023-10-23	科海路站	往双浦方向	86	18:53	21113	L060128	L06	0902
6号线	2023-10-23	科海路站	往双浦方向	87	19:02	21213	L060128	L06	0902
6号线	2023-10-23	科海路站	往双浦方向	88	19:11	21313	L060128	L06	0902
6号线	2023-10-23	科海路站	往双浦方向	89	19:20	21413	L060128	L06	0902
6号线	2023-10-23	科海路站	往双浦方向	90	19:29	20115	L060128	L06	0902
6号线	2023-10-23	科海路站	往双浦方向	91	19:37	20215	L060128	L06	0902
6号线	2023-10-23	科海路站	往双浦方向	92	19:46	20315	L060128	L06	0902
6号线	2023-10-23	科海路站	往双浦方向	93	19:55	20415	L060128	L06	0902
6号线	2023-10-23	科海路站	往双浦方向	94	20:04	20515	L060128	L06	0902
6号线	2023-10-23	科海路站	往双浦方向	95	20:13	20615	L060128	L06	0902
6号线	2023-10-23	科海路站	往双浦方向	105	21:41	20217	L060128	L06	0902
6号线	2023-10-23	科海路站	往双浦方向	104	21:32	20117	L060128	L06	0902
6号线	2023-10-	科海路站	往双浦方向		21:23	21415	L060128	L06	0902

杭州市地铁集团_计划时刻信息抽样数据 ＋

图7 杭州市授权运营数据集"杭州市地铁集团_计划时刻信息"的抽样数据

资料来源：杭州市数据开放平台，https：//data. hangzhou. gov. cn/dop/tpl/dataOpen/data
CataLogDetail. html？ source_id＝79327。

杭州市通过开放数据，产出了一批优质利用成果。例如，杭州市开放了停车场状态信息数据，支持高德地图应用开发了停车场状态查询功能。用户可在应用中查询部分停车场的车位空闲状态，如图8、图9所示。

图8　杭州市平台展示的高德地图应用

资料来源：杭州市数据开放平台，https：//data. hangzhou. gov. cn/dop/tpl/appStore/appStoreDetail. html？id＝295。

（二）德州市

德州市在其发布的2023年公共数据开放清单中提供了部门名称、数据资源目录名称、数据项名称、开放属性、开放条件、开放方式、更新频率、计划开放时间等具体信息（见图10）。

德州市平台重视与用户的互动反馈，对用户提出的有条件开放数据申请、未开放数据请求、意见建议和数据纠错要求均进行了及时有效的回复，

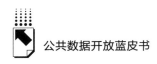

图9 杭州市高德地图应用支持部分停车场状态查询功能

资料来源：高德地图应用截图。

并公开了相关信息。如图11所示，该平台快速回应了用户提交的未开放数据请求，在与其他部门进行沟通后，将用户需要的数据在平台上进行了开放。此外，德州市平台不仅在开放协议中对无条件开放数据和有条件开放数据进行了差异化规范，还对可能带来安全风险的数据集（如德州市实时公交数据集）提供了专门的开放授权许可协议，如图12所示。

德州市无条件开放数据集的数量在全国处于领先位置，平台无条件开放数据集的平均容量近300万，并在交通、卫生与社会民生等关键领域开放了

2023 年公共数据开放清单

序号	部门名称	数据资源目录名称	数据项名称	开放属性（无条件/有条件）	开放条件（无条件开放数据目录必须填写此列）	开放方式	更新频率	计划开放时间
1	德州市发展和改革委员会	证监会市场禁入	处罚对象类型（1：组织机构，2：个人），处罚处理种类，处罚处理名称,ID,处罚机关,实际处罚部门,证件类型,更新时间,处罚决定书 ID,有效截止日期	无条件开放	无	数据集	每日	2023 年 7 月
2	德州市发展和改革委员会	失信被执行人信息（法院）	作出执行依据单位,更新时间,证件类型,被执行人的履行情况,失信被执行人具体情形,是否删除,地域名称,执行法院,信息唯一标识,标识自然人或企业法人,身份证号码/组织机构代码,年龄,失信被执行人姓名/名称,地域ID,企业法人姓名,案号,发布时间,执行依据文号,统一社会信用代码,已履行部分,未履行部分,立案时间,性别	无条件开放	无	数据集	每日	2023 年 7 月

图 10　德州市《2023 年公共数据开放清单》（部分截图）

资料来源：德州公共数据开放网，http：//dzdata.sd.gov.cn/dezhou/news/fbb411795b484de5a9b87e6315311acf/notice。

「标题」德州市人口按年龄地域分布数据　　　　　　　　　　　　　　　　2023-09-30 14:15:21

描述：德州市范围内，最近一个时间段，按县市分，常驻人口按年龄段和性别分布的数据。用于研究未成年人（16周岁以下），老年人（60周岁以上）这两个群体的社会生活状况。特别需要一个县或县级市年龄在90以上有多少人，95岁以上有多少人，100岁老人有多少人，其中男性多少女性多少。

「管理员」　　　　　　　　　　　　　　　　　　　　　　　　　　　　　2023-10-01 09:09:23

感谢关注德州市公共数据开放网，已收到您的需求。经过同部门的沟通，相关数据可以进行开放，目前已经在平台上进行展示（http://dzdata.sd.gov.cn/dezhou/catalog/4495136bc8f64176b0510710835b0d08），您可以在页面进行数据下载。同时根据您的具体需求，已经将德城区高龄人群的统计信息进行公开，如有问题，您可咨询电话0534-2680325

「标题」德州市2012-2022结婚和离婚登记概况　　　　　　　　　　　　　2023-09-21 16:06:06

描述：1、数据项：年份，结婚登记人数，离婚登记人数，结婚比率，离婚比率；2、数据范围：整个德州市，非个别区，按年度更新；3、需求描述：因论文研究需要，需查询主要省、市级行政区域的结婚离婚登记情况，但并未在此平台查看到相关数据，特此申请开放相关数据。

「管理员」　　　　　　　　　　　　　　　　　　　　　　　　　　　　　2023-09-22 14:29:31

您好，感谢您关注德州市公共数据开放网，平台已经收到您的请求，经过同部门的沟通，关于历年的德州市结婚和离婚登记概况可以进行开放，目前已经在平台上呈现（http://dzdata.sd.gov.cn/dezhou/catalog/97b2cf41628949cd9bb8c2c713bb0019），您可在相关页面进行浏览下载。如有其他问题，您可电话沟通0534-2680325

图 11　德州市平台对用户未开放数据请求的回复及落实

资料来源：德州公共数据开放网，http：//dzdata.sd.gov.cn/dezhou/interact。

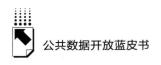
德州市实时公交数据集开放授权许可协议

本协议是根据中国法律和相关规定制定的，因数据中包含实际发车时间、车辆状态、实时位置等信息，若数据被恶意利用，将存在车辆安全隐患，故采用"授权开放"形式开放数据。在使用德州市实时公交数据集（以下简称"数据集"）之前，请您仔细阅读并同意以下条款：

一、授权范围

1.数据集的所有权属于德州市公共汽车公司，特此授予公民、法人和其他组织（以下简称"使用者"）对数据集的非独占性、非排他性、可撤销的许可，用于非商业目的。

2.使用者享有免费、不受歧视的使用数据集进行个人学习、研究、开发和应用等合法用途，但不得直接或间接地以营利为目的进行二次销售、分发或利用数据集。

3.使用者申请数据需要详细描述使用场景、使用时间等信息。

二、数据保护

1.使用者在使用数据集过程中，需要采用合理的技术措施保护和管理数据，妥善保护数据集的安全性和完整性，不得对数据集进行修改、篡改或损坏。

2.使用者不得将数据集用于任何非法、违法或侵犯他人权

图 12　德州市实时公交数据集开放授权许可协议

资料来源：德州公共数据开放网，http：//dzdata. sd. gov. cn/rcservice/doc？doc_id=cc862ee5-00e3-4c52-98bc-5c2e459a0dec。

较多的高需求、高容量数据集。德州市开放的"道路危险货物运输经营许可信息分页查询服务"数据集和"授权开放_德州市公交实时信息"数据集（如图 13 所示），都具有较高的数据容量与时效性。德州市持续开放高容量数据集，数据容量年度递增幅度在全国领先。

德州市还开放了易积水点信息，支撑高德地图开发相关功能。用户可在地图中通过搜索德州积水、德州暴雨、德州积水地图、德州易积水点等关键

图 13　德州开放的优质数据接口

资料来源：德州公共数据开放网，http：//dzdata.sd.gov.cn/dezhou/catalog/9b61add72fc14fc4bd425d852cf66746。

词，获得德州市城区道路的易积水点位，从而在暴雨天合理规划行程，如图14 所示。

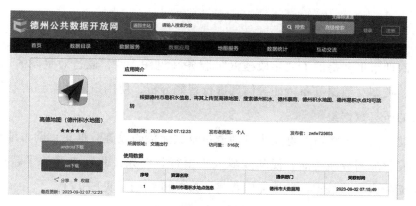

图 14　高德地图应用德州市易积水信息查询功能

资料来源：德州公共数据开放网，http：//dzdata.sd.gov.cn/dezhou/application/341199b1f2244e298f1533ef65b906f0。

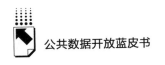
五 城市数林亮叶

除了以上两个标杆案例，2023 年其他城市在公共数据开放利用和授权运营工作上也出现了不少亮点。

（一）准备度亮叶

济南市注重公共数据的无歧视获取，明确公共数据提供单位不得以不合理条件对企业规模、注册地等进行限制或者排斥，不得歧视中小企业、社会组织等各类利用主体，如图 15 所示。

第十四条 开放平台应提供数据开放协议，明确数据责任主体和数据利用主体的权利、义务，对于无条件开放数据，授予用户免费获取、不受歧视、自由利用、自由传播和分享数据的权利。

公共数据提供单位应平等对待各类申请主体，不得以不合理条件对企业规模、注册地等进行限制或者排斥，不得歧视中小企业、社会组织等各类利用主体。

图 15 《济南市公共数据开放利用管理办法（试行）》对无歧视性原则的强调

资料来源：济南市大数据局官网，http：//jndsj.jinan.gov.cn/art/2023/9/12/art_111480_7666.html。

（二）服务层亮叶

深圳市平台提供了"字段搜索"服务（见图 16），通过对字段的名称、描述、类型、数据分布特征等信息进行智能分析，使用户能搜索到含有某一字段的所有数据集。

北京市、上海市、德州市等地通过开放无障碍设施数据集，助力地图应用开发无障碍导航功能，便利残障人士出行。例如，北京市开放了超过 36万条无障碍设施数据，数据完整性好，颗粒度较细（见图 17）。

（三）利用层亮叶

东营市与济宁市在社会民生领域开放了较多高需求、高容量数据集，

图16　深圳市平台的"字段搜索"服务

资料来源：深圳市政府数据开放平台，https：//opendata.sz.gov.cn/newsearch。

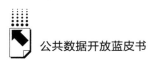

图 17　北京市开放的残疾人无障碍设施数据

资料来源：北京市公共数据开放平台，https：//data. beijing. gov. cn/wzazt/。

涉及水电气缴费、社保参保、低保救助等方面。广州市、深圳市与烟台市对平台上已开放的数据集及时进行更新，年度更新比例都已超过 70%。

开放数据大赛逐渐"破圈"联动，上海市组织了首届沪港合作开放数据竞赛，吸引上海、香港两地上百支科创团队参赛。

公共数据开放还为学术研究工作提供了数据支撑，北京市、深圳市、成都市、上海市开放的公共数据产出的科研论文数量较多，涉及公共服务资源配置、商业经营等研究领域。

各地在公共数据授权运营方面的探索也已产生了初步成果，青岛市、成都市、杭州市等城市产出的授权运营产品涵盖交通出行、财税金融和卫生健康等领域。

分 报 告

B.3
公共数据开放准备度报告（2024）

蒋佳钰　刘新萍*

摘　要：　准备度是公共数据开放工作的基础。中国公共数据开放评估中准备度的指标体系包括法规政策、标准规范、组织推进等一级指标。依据这一指标体系，本报告对公共数据开放准备度的现状与水平进行了评估，运用描述性统计和文本分析方法研究了相关法律法规、政策、标准规范、年度计划与方案、新闻报道等，在此基础上推介了各地的标杆案例。总体来看，多数地方政府在组织保障上已具备良好基础，越来越多的地方将数据开放工作列入常态化工作任务。部分地方出台了针对数据开放的地方政府规章、地方标准。但全国范围内的法规政策在内容上还不够全面，标准规范也总体薄弱。

关键词：　法规政策　标准规范　组织推进　数据开放　授权运营

---

* 蒋佳钰，复旦大学国际关系与公共事务学院博士研究生，数字与移动治理实验室研究助理，研究方向为公共数据开放、数字治理；刘新萍，博士，上海理工大学管理学院副教授，硕士生导师，兼任复旦大学数字与移动治理实验室执行副主任，研究方向为数字治理、数据开放与授权运营、跨部门数据共享与协同。

准备度是"数根"，是数据开放的基础。准备度的评估可以衡量地方政府开放数据的基础和所做准备的完善程度，从而为数据开放工作的落地提供更有效、更具操作性的支撑。具体而言，准备度主要从法规政策、标准规范、组织推进3个方面进行评估。

一 指标体系

准备度侧重于考察地方政府的法规政策、标准规范、组织推进对数据开放的规范引导和推动作用。但考虑到省份和城市两级政府在职责范围上的差异性，准备度的省域和城市指标体系也有差异，如表1所示，省域评估中更加强调对下辖地市数据开放工作的赋能、规范和协调作用。标准规范方面，省域单设了"标准规范等级""标准规范内容"指标，鼓励由省级政府制定全省统一的地方标准。组织推进方面，要求明确主管部门与内设处室，在部门法定职责明确对数据开放工作的重视与支持；同时强调在数字政府的相关建设方案中提高对数据开放的重视程度。

表1 省域与城市准备度评估指标体系及权重

单位：%

一级指标	二级指标	省域评估权重	城市评估权重
法规政策	法规政策完备性	3.5	3.5
	开放利用要求	3.5	3.0
	安全保护要求	2.0	2.0
	保障机制	1.5	1.5
标准规范	标准规范等级	1.0	—
	标准规范内容	2.0	—
组织推进	主管部门与内设处室	1.0	1.5
	重视与支持	1.5	1.5
	年度工作计划	2.0	2.0

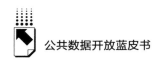
二　法规政策

法规政策是指对公共数据开放与运营各个重要方面作出规范性要求的法律、行政法规、行政规章、部门规章、地方性法规、地方政府规章以及各种规范性文件，是推进公共数据开放与运营的基础和重要依据。本部分对法规政策完备性和内容进行了综合评估。其中，法规政策完备性是指法律法规和政策文件在类型上的完备程度；法规政策内容评估是指对法规政策中关于开放利用要求、安全保护要求、保障机制等方面作出的具体规定的评估。

（一）法规政策完备性

1. 数据开放法规政策完备性

数据开放法规政策完备性是指针对公共数据开放的法规政策体系的完备程度，既要有高效力等级的、约束力较强的地方性法规、地方政府规章，也要有兼顾实操性的一般规范性文件及行业领域的部门规范性文件。

数据开放法规政策方面，浙江省在法规政策体系上较为完备，制定了地方性法规《浙江省公共数据条例》、地方政府规章《浙江省公共数据开放与安全管理暂行办法》以及一般规范性文件《浙江省公共数据开放工作指引》；重庆市也形成了较为完备的法规政策体系，制定了地方性法规《重庆市数据条例》、地方政府规章《重庆市政务数据资源管理暂行办法》以及一般规范性文件《重庆市公共数据开放管理暂行办法》。

2. 授权运营法规政策探索

授权运营法规政策探索是指针对公共数据授权运营制定相关法规政策，提升授权运营的规范性与完备性。

浙江省制定了我国省级层面首部针对公共数据授权运营的规范性文件《浙江省公共数据授权运营管理办法（试行）》，以规范公共数据授权运营管理，推动公共数据有序开发利用；而济南市首次以地方政府规章形式制定颁布了《济南市公共数据授权运营办法》，推动济南市公共数据授权运营工作的规范化。

（二）开放利用要求

开放利用要求是指法规政策文件对数据开放的范围、质量、数据获取、社会需求回应、省市协同等方面提出了要求。开放利用要求主要包括开放范围、数据动态更新、数据获取无歧视、需求与回应、省市协同推进 5 个三级指标。

1. 开放范围要求

开放范围要求是指对数据开放对象、开放范围动态调整、明确开放重点 3 个方面作出要求。例如，在数据开放对象上，山东省以公共数据为规制对象，制定并公开了《山东省公共数据开放办法》；在开放范围动态调整上，浙江省、重庆市分别明确了数据开放范围和开放目录动态调整机制；在明确开放重点上，杭州市在《杭州市公共数据开放管理暂行办法》中明确了重点和优先开放的具体范围，如表 2 所示。

表 2　部分法规政策对开放范围的规定（内容节选）

法规政策	指标内容	具体条款
《山东省公共数据开放办法》	数据开放对象	第二条 本办法所称公共数据，是指国家机关，法律法规授权的具有管理公共事务职能的组织，具有公共服务职能的企业事业单位，人民团体等（以下统称公共数据提供单位）在依法履行公共管理职责、提供公共服务过程中，收集和产生的各类数据。
《浙江省公共数据开放与安全管理暂行办法》	开放范围动态调整	第六条 公共数据开放主体应当积极推进公共数据开放工作，建立公共数据开放范围的动态调整机制，逐步扩大公共数据开放范围。 第十条 全省公共数据开放目录以及补充目录实行年度动态调整。 第十五条 公共数据开放主体应当对现有受限开放类数据定期进行评估，具备条件的，应当及时转为无条件开放类数据。

续表

法规政策	指标内容	具体条款
《重庆市公共数据开放管理暂行办法》	开放范围动态调整	第十七条 市大数据应用发展管理主管部门应当在收到更新申请之日起5个工作日内审核、更新公共数据开放目录,并同步更新公共数据开放责任清单。 第十八条 数据开放主体应当在市大数据应用发展管理主管部门的指导下建立公共数据开放责任清单动态调整机制,对尚未开放的公共数据进行定期评估,及时申请更新公共数据开放目录,不断拓展开放广度和深度,提高开放质量。
《杭州市公共数据开放管理暂行办法》	明确开放重点	第十五条【重点领域开放】 公共数据开放主体应当根据本地区经济社会发展情况,重点和优先开放下列公共数据: (一)与公共安全、公共卫生、城市治理、社会治理、民生保障等密切相关的数据; (二)自然资源、生态环境、交通出行、气象等数据; (三)与数字经济发展密切相关的行政许可、企业公共信用信息等数据; (四)其他需要重点和优先开放的数据。 确定公共数据重点和优先开放的具体范围,应当坚持需求导向,并征求有关行业组织、企业、社会公众和行业主管部门的意见。

2. 数据动态更新要求

数据动态更新要求是指对数据动态更新和及时维护作出要求,以提升数据质量,确保数据的准确性、及时性。例如,《浙江省公共数据开放与安全管理暂行办法》明确了"根据开放目录明确的更新频率,及时更新和维护";《苏州市公共数据开放实施细则》明确了对公共数据动态更新的要求,以确保数据完整、准确、及时,并逐步提高实时动态数据开放比重,鼓励采用 API 接口开放实时动态数据,如表3所示。

表 3　部分法规政策对数据动态更新的规定（内容节选）

法规政策	具体条款
《浙江省公共数据开放与安全管理暂行办法》	第十九条 公共数据开放主体应当按照有关标准和要求,对开放的公共数据进行清洗、脱敏、脱密、格式转换等处理,并根据开放目录明确的更新频率,及时更新和维护。
《苏州市公共数据开放实施细则》	第十六条 数据开放主体应当加强执行标准规范,开展数据治理,对开放的公共数据进行清洗、脱敏、格式转换等处理,提升数据质量,包括但不限于: （一）开放数据应当完整、准确、及时,无错值、空值、重复值; （二）通过优化格式、实时接口开发、可视化呈现、零散数据整合、丰富字段说明等方式,提高数据的可用性; （三）可下载的数据集要采用可机器读取格式（如 CSV、JSON、XML、XLS等）升级; （四）根据开放目录明确的更新频率及时更新和维护数据,逐步提高实时动态数据开放比重,鼓励采用 API 接口的方式开放实时动态数据; （五）持续优化业务流程,升级信息系统,增加数据校验、更新提示等功能,完善数据产生的频次、字段、格式等。

3. 数据获取无歧视要求

数据获取无歧视要求是指在法规政策中明确规定数据开放应当平等对待各类申请主体,不得对中小企业和社会组织等利用主体设置歧视性要求。例如,《浙江省公共数据开放与安全管理暂行办法》第十六条明确了公共数据开放主体应当向社会公平开放受限类公共数据,不得设定歧视性条件;而《济南市公共数据开放利用管理办法（试行）》在法规政策中规定应平等对待各类申请主体,不得以不合理条件对企业规模、注册地等进行限制或者排斥,不得歧视中小企业、社会组织等各类利用主体,如表 4 所示。

表 4　部分法规政策对数据获取无歧视的规定（内容节选）

法规政策	具体条款
《浙江省公共数据开放与安全管理暂行办法》	第十六条 公共数据开放主体应当向社会公平开放受限类公共数据,不得设定歧视性条件;公共数据开放主体应当向社会公开已获得受限类公共数据的名单信息。

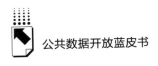

法规政策	具体条款
《济南市公共数据开放利用管理办法（试行）》	第十四条 开放平台应提供数据开放协议，明确数据责任主体和数据利用主体的权利、义务，对于无条件开放数据，授予用户免费获取、不受歧视、自由利用、自由传播和分享数据的权利。 公共数据提供单位应平等对待各类申请主体，不得以不合理条件对企业规模、注册地等进行限制或者排斥，不得歧视中小企业、社会组织等各类利用主体。

4. 需求与回应要求

需求与回应要求是指法规政策中应当明确对利用主体的需求反馈和意见建议，以及对开放主体的回应等作出要求。如《贵州省政府数据共享开放条例》规定了政府数据提供部门对数据开放申请应及时回应，对不完整或者有错误的政府数据应当及时补充、校核和更正；同时，政府部门应收集公众对政府数据开放的意见建议并改进工作，《苏州市公共数据开放实施细则》也对利用主体的需求反馈和意见建议以及开放主体的回应作出明确规范，如表5所示。

表5 部分法规政策对需求与回应的规定（内容节选）

法规政策	具体条款
《贵州省政府数据共享开放条例》	第二十五条 政府数据提供部门收到数据开放申请时，能够立即答复的，应当立即答复。数据提供部门不能立即答复的，应当自收到申请之日起15个工作日内予以答复。如需要延长答复期限的，应当经数据提供部门负责人同意并告知申请人，延长的期限最长不得超过15个工作日。数据提供部门同意政府数据开放申请的，通过政府数据开放平台及时向申请人开放，并明确数据的用途和使用范围；不同意开放的，应当说明理由。 第二十六条 申请人申请开放政府数据的数量、频次明显超过合理范围的，数据提供部门可以要求申请人说明理由。数据提供部门认为理由不合理的，告知申请人不予处理；数据提供部门认为理由合理的，应当及时向申请人开放。 第二十七条 县级以上人民政府及其大数据主管部门应当定期通过政府数据开放平台或者其他渠道加强政府数据开放的宣传和推广，收集公众对政府数据开放的意见建议，改进政府数据开放工作。 第三十七条 建立政府数据使用反馈机制。使用政府数据的单位或者个人对获取的政府数据发现不完整或者有错误的，可以向数据提供部门反馈，数据提供部门应当及时补充、校核和更正。

续表

法规政策	具体条款
《苏州市公共数据开放实施细则》	第十条 数据利用主体认为公共数据存在错误、遗漏等情形的，可以通过数据开放平台向数据开放主体反馈；数据开放主体应当在 5 个工作日内处理完毕；情况复杂的，经数据开放主体与数据利用主体协商沟通，由市大数据主管部门审核同意后，适当延长处理时间，原则上最多不超过 30 个工作日。 第十二条 市、县级市（区）大数据主管部门应当会同本级数据开放主体，面向全社会公开征集公共数据开放需求，加强场景规划和需求引导。 数据开放主体可以通过线上线下问卷调查、座谈会、数据开放平台反馈等形式多渠道广泛征集公共数据开放需求。 第二十条 需求审核。数据开放主体审核公共数据开放需求申请，能够立即答复的，应当立即答复；不能立即答复的，应当自收到申请之日起 10 个工作日内答复。数据开放主体同意开放的，应当明确公共数据的用途和使用范围，并及时向申请人开放。不同意开放的，应当说明理由，并提供相应的法律、法规、规章依据。

5. 省市协同推进

省市协同推进是指对省级政府与下辖地市间数据开放工作的整体性和协同性作出要求，包括开放目录整合、省市平台联通 2 个方面，这一指标仅在省域层面进行评价。如广西壮族自治区对自治区本级和市级公共数据开放目录整合作出要求，广东省对省市平台联通作出了规定和要求，如表 6 所示。

表6　广东省关于省市协同推进的具体规定

法规政策	具体条款
《广西公共数据开放管理办法》	第十四条 自治区各部门各单位依据自治区数据治理有关规定和数据资源目录编制指南，编制、维护本部门本单位公共数据开放目录，并指导、监督本系统及隶属管理的企事业单位编制、维护公共数据开放目录。市级大数据主管部门牵头组织编制、维护本地区公共数据开放目录。自治区大数据发展局审核各级公共数据开放目录，统筹编制广西公共数据开放目录。
《广东省公共数据管理办法》	第三十三条 公共管理和服务机构应当按照省公共数据主管部门要求，将审核后开放的公共数据通过省政务大数据中心推送到数据开放平台。 地级以上市人民政府及其有关部门、县级人民政府及其有关部门不得再新建数据开放平台，已建成运行的开放平台应当与省数据开放平台进行对接。

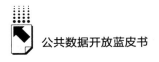

（三）安全保护机制

安全保护要求是指对数据全生命周期安全管理、社会主体的合法权益保护作出要求。

1. 全生命周期安全管理

全生命周期安全管理是指对数据开放前、开放中、开放后的全生命周期安全管理作出了要求，包括开放前数据审查、开放中安全管控、开放后风险处理3个方面。

在开放前数据审查上，《山东省公共数据开放工作细则（试行）》和《宁波市公共数据管理办法》都对公共数据开放前的审查作出了具体要求；在开放中安全管控上，《浙江省公共数据开放与安全管理暂行办法》和《上海市公共数据开放暂行办法》都对预警机制和安全管控都作出了详细规定；在开放后风险处理上，《烟台市公共数据开放管理暂行办法》对风险数据与相关主体的处理方式与措施都作出了详细规定，如表7所示。

表7　部分法规政策对全生命周期安全管理的规定（内容节选）

法规政策	指标内容	具体条款
《山东省公共数据开放工作细则（试行）》	开放前数据审查	第九条【数据开放流程】 公共数据开放主体开放数据应当通过下列流程： （一）公共数据开放主体依托一体化大数据平台，编制数据目录，匹配数据资源，进行安全审查，确定脱敏规则，提交开放数据。 （二）县级以上公共数据开放主管部门依托一体化大数据平台对提交的开放数据进行规范性审查。审查通过的，应当通过开放平台发布，并为公共数据开放主体提供开放数据资源的数据脱敏相关技术支撑；审查未通过的，应当反馈并说明理由、意见，公共数据开放主体应当根据反馈意见对目录和数据进行规范后，重新提交开放数据。 第二十二条【安全保障】 公共数据开放主体应当制定并落实公共数据开放安全保护制度，在公共数据开放前进行安全审查和安全风险评估，依法对有条件开放数据进行安全追踪。

法规政策	指标内容	具体条款
《宁波市公共数据管理办法》	开放前数据审查	第二十四条 市大数据主管部门应当会同行政机关和公共服务单位建立公共数据开放审查机制，数据经审查后通过开放平台统一开放。 第三十二条 大数据主管部门、行政机关和公共服务单位应当按照国家、省、市相关法律、法规和规定，对拟开放的公共数据进行安全风险评估，涉及国家秘密、商业秘密和个人隐私的公共数据不得向社会开放，不得侵害国家利益、社会公共利益和公民、法人及其他组织的合法权益
《浙江省公共数据开放与安全管理暂行办法》	开放中安全管控	第二十八条 公共数据开放主体应当对受限开放类公共数据的开放和利用情况进行后续跟踪、服务，及时了解公共数据利用行为是否符合公共数据安全管理规定和开放利用协议，及时处理各类意见建议和投诉举报。 第三十四条 公共数据开放主体应当按照国家和省有关规定完善公共数据开放安全措施，并履行下列公共数据安全管理职责： （一）建立公共数据开放的预测、预警、风险识别、风险控制等管理机制； （二）制定公共数据开放安全应急处置预案并定期组织应急演练； （三）建立公共数据安全审计制度，对数据开放和利用行为进行审计追踪； （四）对受限开放类公共数据的开放和利用全过程进行记录。省公共数据、网信主管部门应当会同同级有关部门制定公共数据开放安全规则。 第三十五条 公民、法人和其他组织认为开放的公共数据侵犯其商业秘密、个人隐私等合法权益的，有权要求公共数据开放主体中止、撤回已开放数据。 公共数据开放主体收到相关事实材料后，应当立即进行初步核实，认为必要的，应当立即中止开放；并根据最终核实结果，分别采取撤回数据、恢复开放或者处理后再开放等措施，有关处理结果应当及时告知当事人。 公共数据开放主体在日常监督管理过程中发现开放的公共数据存在安全风险的，应当立即采取中止、撤回开放等措施。

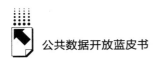

续表

法规政策	指标内容	具体条款
《上海市公共数据开放暂行办法》	开放中安全管控	第三十七条(预警机制) 建立公共数据开放安全预警机制,对涉密数据和敏感数据泄漏等异常情况进行监测和预警。 第三十八条(应急管理) 建立公共数据开放应急管理制度,指导数据开放主体制定安全处置应急预案、定期组织应急演练,确保公共数据开放工作安全有序。
《烟台市公共数据开放管理暂行办法》	开放后风险处理	第二十条 数据使用主体有下列情形之一的,数据开放主体应当会同市大数据局根据行为严重程度,采取限制或关闭其开放平台访问权限的措施,并予以公示: （一）采用非法手段恶意获取公共数据的; （二）侵犯个人隐私、商业秘密等第三方合法权益的; （三）超出授权应用场景使用的; （四）其他违反相关利用要求或者数据利用协议的。 第二十一条 数据开放主体和市大数据局应当通过必要的技术防控措施,加强对商业秘密、个人隐私等第三方合法权益的保护。当发现商业秘密、个人隐私泄露或有泄露风险时,数据开放主体应当会同市大数据局在烟台市公共数据开放网上及时撤回相关数据集,并进行评估。对确需开放的数据,由数据开放主体重新进行脱敏、脱密等数据预处理后再行开放;对已经开放并被利用的,数据开放主体应当会同市大数据局做好数据开发利用行为追溯。

2. 社会主体权益保护

社会主体权益保护是指对数据开放利用所涉及的自然人、法人或者非法人组织的合法权益保护作出要求。例如，《浙江省公共数据条例》明确规定"自然人、法人或者非法人组织认为开放的公共数据侵犯其合法权益的，有权向公共管理和服务机构提出撤回数据的要求"；《上海市公共数据开放实施细则》明确了对数据开放活动所涉及的个人、组织或者第三方的合法权益进行保护，并明确了权益申诉渠道与处置措施等内容。

（四）保障机制

保障机制是指对数据开放工作的人员、资金和考核评估等方面的保障支撑作出了要求，包括专人专岗、专项财政预算、纳入年度考核等内容。例如，在专人专岗方面，《天津市公共数据资源开放管理暂行办法》提及要建立数据开放专人专岗管理制度；在专项财政预算上，《浙江省公共数据开放与安全管理暂行办法》和《上海市公共数据开放暂行办法》对资金保障作出了明确要求；在纳入年度考核上，《贵州省政府数据共享开放条例》和《重庆市公共数据开放管理暂行办法》对数据开放工作的考核评价进行了规定，如表8所示。

表8　部分法规政策对保障机制的规定（内容节选）

法规政策	指标内容	具体条款
《天津市公共数据资源开放管理暂行办法》	专人专岗	第三十条　资源提供单位应加强公共数据资源开放工作的组织保障，明确牵头负责开放工作的内设机构，建立专人专岗管理制度，并向市互联网信息主管部门及时报送、更新相关内设机构和人员名单。
《浙江省公共数据开放与安全管理暂行办法》	专项财政预算	第三条　县级以上人民政府应当加强对公共数据开放、利用和安全管理的领导和协调，将公共数据开放、利用和安全管理纳入国民经济和社会发展规划体系，所需经费列入本级财政预算。
《上海市公共数据开放暂行办法》	专项财政预算	第四十条（资金保障） 行政事业单位开展公共数据开放所涉及的信息系统建设、改造、运维以及考核评估等相关经费，按照有关规定纳入市、区两级财政资金预算。
《贵州省政府数据共享开放条例》	纳入年度考核	第三十八条　省人民政府大数据主管部门制定政府数据共享开放工作考核评价标准。县级以上人民政府应当根据考核评价标准，每年对本级行政机关、下级人民政府数据共享目录和开放目录的维护管理、数据采集与更新、数据共享开放、数据使用、数据开发利用效果等情况进行考核评价，定期通报评价结果并纳入年度目标考核；还可以委托第三方对政府数据共享开放的程度和效果进行评估，结果向社会公布。

法规政策	指标内容	具体条款
《重庆市公共数据开放管理暂行办法》	纳入年度考核	第五条 将公共数据开放管理工作纳入本级政府目标考核。 第四十条 市大数据应用发展管理主管部门每年对公共数据开放、利用等工作情况进行评价。评价结果作为全市各级各部门相关工作目标考核的重要依据。

资料来源：根据相关法规政策整理。

三 标准规范

标准规范制定是指为公共数据开放制定了标准规范和操作指南，包含标准规范等级和标准规范内容两个 2 级指标。

（一）标准规范等级

标准规范等级是指对已经出台的数据标准或平台标准的等级进行评估。等级包含地方标准、普通规范与指引两类。广东省、江西省、山东省等省份制定了有关数据开放的地方标准，如表 9 所示。

表 9　各省份有关数据开放的地方标准

省份	标准名称	标准号
广东省	广东省电子政务数据资源开放数据管理规范	DB44/T 2111—2018
广东省	广东省电子政务数据资源开放数据技术规范	DB44/T 2110—2018
江西省	江西省政务数据开放平台技术规范	DB36/T 1098—2018
山东省	山东省公共数据开放　第 1 部分：基本要求	DB37/T 3523.1—2019
贵州省	政府数据 开放数据质量控制过程和要求	DB52/T 1408—2019
贵州省	政府数据 数据开放工作指南	DB52/T 1406—2019
贵州省	政府数据 开放数据核心元数据	DB52/T 1407—2019
内蒙古自治区	内蒙古自治区公共大数据安全管理指南	DB15/T 1874—2020
福建省	公共信息资源开放 数据质量评价规范	DB35/T 1952—2020
贵州省	大数据开放共享安全管理规范	DB52/T 1557—2021

省份	标准名称	标准号
内蒙古自治区	政务数据开放共享　元数据	DB15/T 2104—2021
浙江省	数字化改革公共数据分类分级指南	DB33/T 2350—2021
四川省	四川省公共数据开放技术规范	DB51/T 2848—2021
江西省	公共数据分类分级指南	DB36/T 1713—2022
四川省	政务数据　数据分类分级指南	DB51/T 3056—2023
黑龙江省	政务数据开放共享服务安全管理规范	DB 23/T 3509—2023
黑龙江省	政务预公开数据分类分级评估指南	DB 23/T 3510—2023

资料来源：根据公开资料整理。

（二）标准规范内容

标准规范内容是指在标准规范中对数据更新要求、分级分类规则、数据质量要求与数据格式规范作出了规定。

1. 数据更新要求

数据更新要求是指在标准规范中明确了确保数据得到及时并持续更新等内容。如《山东省公共数据开放技术规范》在对公共开放数据的质量要求中明确了及时性要求，即"应依据更新周期及时对公共开放数据进行更新，可依据 5.12 更新周期元数据的描述判断是否符合数据及时性的要求"。

2. 分级分类规则

分级分类规则是指对数据的分级分类作出规定。如《上海市公共数据开放分级分类指南（试行）》和《福建省公共数据资源开放分级分类指南（试行）》对数据开放分级分类的规定详细清晰，涉及开放数据分级分类的定义、原则、方法以及分类编码等。

3. 数据质量要求

数据质量要求是指对数据质量作出规定，明确数据质量管理的基本原则和方式。如《广东省电子政务数据资源开放数据管理规范》明确了质量管理流程与原则，《广东省电子政务数据资源开放数据技术规范》明确数据质

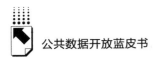

量需要满足完整性、一致性、准确性和及时性等要求。

4. 数据格式规范

数据格式规范是指对不同类型数据作出格式规范要求。如贵州省的《政府数据 数据开放工作指南》对数据格式规范作出规定，明确开放数据资源通常以数据库文件、电子文档等方式存储，确定开放数据集、开放数据目录等多种数据资源的格式规范。

四　组织推进

组织推进是指开放数据的组织保障与实施推进情况。包括主管部门与内设处室、重视与支持、年度工作计划 3 个指标。

（一）主管部门与内设处室

主管部门与内设处室是指应当设置协调力度较强的部门作为数据开放工作的主管部门，并设立分管公共数据开放工作的内设处室，公开了其在数据开放方面的法定职责，包括主管部门层级和内设处室 2 个下辖指标。

公共数据开放工作主管部门的相对行政层级对其推动工作的力度和效果更加重要，公共数据开放主管部门分为部门管理机构、政府直属机构和政府工作部门等形式，如表 10 所示，其中，浙江省等地的公共数据开放工作主管部门为省政府办公厅管理的省政府机构，重庆市的公共数据开放工作主管部门为政府直属机构，广州市的公共数据开放主管部门是政府工作部门，这样的主管部门设置有利于数据开放工作的开展。

表 10　公共数据开放工作主管部门

主管部门名称	机构类别	上级主管部门
浙江省数据局	部门管理机构	浙江省人民政府办公厅
重庆市大数据应用发展管理局	政府直属机构	重庆市人民政府
广州市政务服务数据管理局	政府工作部门	广州市人民政府

内设处室是指设置了专门负责数据开放工作的内设处室，公开了其在数据开放方面的法定职责。如贵州省、杭州市等多地在数据开放相关的内设处室中规定了专门的职责内容。比如贵州省大数据发展管理局数据资源处规定了推动数据资源开发利用的相关职责内容，如图1所示；杭州市数据资源管理局内设机构数据资源与安全处的主要职能中有数据开放相关工作内容，如图2所示。

（三）数据资源处

承担数据要素基础制度建设工作，推动数据资源整合共享和开发利用，拟订数据资源分类分级管理制度，协调推进公共数据确权授权，推动信息资源跨行业跨部门互联互通。承担省级政务信息化建设方案评审工作。研究提出培育数据要素市场的政策建议，协调数据流通交易促进工作，引导数据交易场所建设发展，承担大数据改革有关工作。拟订相关数据安全管理制度并组织实施。

图1　贵州省大数据发展管理局数字资源处职责

资料来源：贵州省大数据发展管理局，https：//dsj. guizhou. gov. cn/zwgk/xxgkml/jggk/nscs。

市数据资源局>内设机构

基本信息	领导班子	内设机构	直属单位
内设机构名称：	数据资源与安全处		
主要职能：	统筹数据资源及相关基础设施建设管理，负责全市政务数据和公共数据资源的目录制定、归集治理、共享开放和应用服务等工作。负责落实"最多跑一次"改革支撑体系建设，推动政务信息系统流程优化再造。组织协调市政府系统智慧电子政务项目和数据资源基础设施的建设、管理和绩效评估。组织实施全市政务数据和公共数据的安全保障工作，指导全市社会数据安全保障体系建设。		

图2　杭州市数据资源管理局内设机构与职责

资料来源：中共杭州市委、杭州市人民政府，https：//www. hangzhou. gov. cn/art/2017/11/6/art_ 1390106_ 3502. html。

（二）重视与支持

重视与支持是指在地方政府工作报告以及数字政府领域相关方案中对数据开放工作作出了安排，包括地方政府工作报告和数字政府方案2个下辖指标。政府工作报告主要考核各地方政府是否将数据开放工作写入了地方政府工作报告，如2023年1月20日的《重庆市人民政府工作报告》提出"加快构建数据基础制度体系，促进公共数据共享开放和商业数据开发利用，增强数据安全预警和溯源能力"。

数字政府方案主要考核各地在其数字政府领域的各种方案中是否对数据开放工作进行了部署和安排，如《安徽省"数字政府"建设规划（2020—2025年）》对数据开放的推动措施规定得较为具体、翔实；《杭州市数字政府建设"十四五"规划》明确了数据开放工作的具体推进措施，如表11所示。

表11　部分法规政策对重视与支持程度的规定（内容节选）

法规政策	具体条款
《安徽省"数字政府"建设规划（2020—2025年）》	推进数据资源开放利用。省市统筹推进公共数据资源开放平台建设，围绕重点领域，依法有序向社会开放公共数据资源。推动各部门制定数据开放目录、开放计划和开放规则，明确开放范围和领域。完善数据开放管理体系、审核机制和考核机制，明确主体责任，确保开放目录和数据及时更新，在确保数据安全的前提下，稳步推进政务数据集中授权开放及社会化利用，探索规范的数据市场化流通、交换机制。
《杭州市数字政府建设"十四五"规划》	大力推进数据开放。制定政务数据开放管理细则，加快完善数据开放平台。围绕医疗健康、普惠金融、科创金融、企业登记、市场监管、社会保障、交通运输、气象等重点领域，探索分行业、分场景的可控"点单式"数据开放机制，优先开放民生密切相关、社会迫切需要、经济效益明显的公共数据。探索公共数据与社会数据的双向开放、融合共享和应用创新，培育新兴数字企业。以数据开放为重点赋能社会化数字应用，积极组织杭州数据开放应用大赛。探索多元主体参与公共数据资源开发利用和服务价格形成机制。

资料来源：根据相关法规政策整理。

（三）年度工作计划

年度工作计划指制定并向社会公开当年政府数据开放工作的实施细则或年度计划，包括数据集开放计划和计划完成时间2个指标。

1. 数据集开放计划

数据集开放计划是指各地在数据开放年度工作计划与方案中，列明当年度计划开放的数据集。如德州市在2023年公共数据开放清单中明确了部门名称、数据资源目录名称、数据项名称、开放属性、开放条件、开放方式、更新频率、计划开放时间等具体内容，如图3所示。

2023 年公共数据开放清单

序号	部门名称	数据资源目录名称	数据项名称	开放属性（无条件/有条件）	开放条件（无条件开放数据目录必须写此列）	开放方式	更新频率	计划开放时间
1	德州市发展和改革委员会	证监会市场禁入	处罚对象类型（1：组织机构，2：个人），处罚处理种类，处罚处理种类 ID，处罚机关，实际处罚部门，证件类型，更新时间，处罚决定书 ID，有效截止日期	无条件开放	无	数据集	每日	2023 年 7 月
2	德州市发展和改革委员会	失信被执行人信息（法院）	作出执行依据单位，更新时间，证件类型，被执行人的履行情况，失信被执行人具体情形，是否删除，地域名称，执行法院，信息唯一标识，标识自然人或企业法人，身份证号码/组织机构代码，年龄，失信被执行人姓名/名称，地域 ID，企业法人姓名，案号，发布时间，执行依据文号，统一社会信用代码，已履行部分，未履行部分，立案时间，性别	无条件开放	无	数据集	每日	2023 年 7 月

图 3 德州市 2023 年公共数据开放清单（部分截图）

2. 计划完成时间

计划完成时间是指在年度工作计划中应列明各项工作计划完成的时间，如《山东省直部门（单位）公共数据开放 2023 年度工作计划》明确了各项工作的完成时间，如图 4 所示。

（三）推动数据优质高效开放
1.明确年度数据开放重点。根据《山东省公共数据开放办法》要求，优先开放企业注册登记、交通、气象、医疗卫生等重点领域的高数据容量的数据，有序推进自然资源、生态环境、就业、教育、农业等其他重点领域数据开放，深入推动水气热和公交等领域公共数据开放，逐步扩大公共数据开放范围和包容性数据集的开放（针对残疾人、老年人、妇女儿童、港澳台胞等）。
2.拓展数据开放范围。6月底前，按照"开放为原则，不开放为例外"的要求，组织省直有关部门（单位）编制本部门（单位）2023年度公共数据开放清单，明确目录名称、数据属性、开放条件、开放方式、更新频率、计划开放时间等要素，优先开放数据容量大的数据目录，有序推进其他数据目录开放，逐步扩大公共数据开放范围。按照"成熟一个、开放一个"的原则，6月底前，完成已归属任务清单的发布，其他任务清单按计划及时发布。省直部门（单位）公共数据开放计划详见《山东省省直部门（单位）公共数据开放清单》（见附件）。
3.提升数据质量。组织省直有关部门（单位）开展常态化数据质量、数据安全自查和补充整改，对已开放的数据资源，按照承诺的更新频率及时更新，做好数据规范和核验，保证数据时效性、准确性、通用性，并及时登录省公共数据开放平台，关注本领域公共数据开放的社会需求，回应公民、法人和其他组织对公共数据的开放需求，确保开放数据资源优质高效。对照开放质量相关指标，7月、10月，各集中开展一次开放数据质量核查工作。
（四）促进公共数据开发利用
1.鼓励公共数据开发利用。通过数创沙龙、需求对接、"揭榜挂帅"等方式，引导社会各方利用开放数据打造相关数据服务、可视化应用等丰富场景。9月底前，完成山东省第五届数据应用创新创业大赛初赛、复赛评审；11月底前，完成大赛决赛及路演，鼓励和引导各类社会主体参与公共数据深度开发利用，对优秀参赛团队、典型应用案例等进行宣传激励和孵化服务。组织省直有关部门（单位）加强已开放相关公共数据开发利用中各方面的宣传，引导公民、法人和企业规范高效利用数据，创造更多价值。
2.强化公共数据创新应用。建好用好山东省数据开放创新应用实验室，开展相关技术和应用研究，推动形成一批高质量研究报告、论文等成果。11月底前，完成第三批实验室申报遴选工作。
2.创建数据创新应用示范体系。坚持示范引领，12月底前，通过评选一系列最佳解决方案和优秀应用场景，推动全省各级政务部门、企事业单位、高校、科研机构以及社会组织，深入开展大数据创新应用。

图 4 《山东省直部门（单位）公共数据开放 2023 年度工作计划》（部分截图）

《杭州市公共数据开放 2023 年度工作要点》明确了各项工作的完成时间，如图 5 所示。

2.优化需求响应机制。充分利用、优化迭代杭州市数据开放平台互动交流栏目的"数据需求"功能，采集社会公众开放数据需求，判别需求真伪和潜在价值后，经相关业务部门评估、审查后10个工作日内反馈有关处理结果。（责任部门：市数据资源局，市级各部门，区、县（市），完成时间：2023年10月底前）

3.完善评价机制。优化完善《杭州市公共数据开放综合评价指标》，科学评价各部门、区（县、市）开放数据状况和数据开放水平，每半年发布评价结果。（责任部门：市数据资源局，完成时间：2023年6月与12月）

图5 《杭州市公共数据开放2023年度工作要点》（部分截图）

五 报告建议

在法规政策方面，建议各地提高开放数据法规政策体系的完备程度，制定针对公共数据开放的地方性法规、地方政府规章或者规范性文件，并持续探索制定与公共数据授权运营相关的高效力的法规政策。在法规政策内容方面，建议对开放范围、数据动态更新、数据无歧视获取、需求与回应、省市协同推进、全生命周期安全管理、社会主体权益保护、专人专岗、专项财政预算、年度考核等内容作出明确要求。

在标准规范方面，建议省级行政单位积极贯彻国家数据开放相关标准规范，并结合本省份实际，制定地方标准规范，内容包括但不限于数据更新要求、分级分类规则、数据质量要求、数据格式规范等；建议市级行政单位积极贯彻上级公共数据开放相关标准规范。

在组织推进方面，建议各省市明确承担数据开放工作的具体处室，公开相应处室的法定职责。加大对数据开放工作的重视与支持力度，将数据开放工作明确纳入数字政府相关工作计划中。制定年度数据开放工作计划，明确拟开放的数据集、工作计划完成时间等要求。

B.4
公共数据开放服务层报告（2024）

张 宏*

摘　要：　公共数据的充分开放与有效利用离不开优质的平台建设与服务运营。本次评估正式将之前的平台层改为服务层，意在突出平台本身的服务属性，而弱化对技术性功能建设的关注，强调所有的平台功能建设与运营维护最终都要落到用户获取或利用数据的实际服务体验上。中国公共数据开放评估中服务层的指标体系包括平台体系、功能运营、权益保障和用户体验等一级指标。依据新的指标体系，本报告主要通过人工观察、测试与体验相结合的方法对各地方公共数据开放平台与授权运营平台提供的服务进行了评估，并介绍了各个指标的优秀案例或整体情况供各地参考。结果显示，多数地方数据开放平台在功能建设上已经取得了明显进步，未来需要努力完善的方向是围绕用户体验提供优质而持续的服务。

关键词：　公共数据开放　数据开放平台　功能建设　运营维护　服务体验

　　服务层是"数干"，是公共数据开放的枢纽。在公共数据开放的过程中，以平台为载体的诸多服务便利了公共数据供给侧和利用端之间的连接，是各方开放、获取与利用数据的重要依托。具体而言，服务层主要从平台体系、功能运营、权益保障和用户体验等方面进行评估。

---

* 张宏，复旦大学国际关系与公共事务学院博士研究生，数字与移动治理实验室研究助理，研究方向为公共数据开放、数字治理。

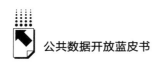

一 指标体系及调整

聚焦用户通过平台获取和利用公共数据过程中的实际服务体验,本报告对评估指标进行了如下调整。

一是以数据开放平台的各项服务为核心对一级指标进行了重构,包括平台体系(服务的基础载体)、功能运营(服务的具体内容)、权益保障(服务的稳定安全)以及用户体验(服务的最终效果),以凸显平台的服务属性。

二是将"公共数据授权运营"纳入评估,主要关注数据开放平台与授权运营平台之间的联通协同以及数据目录的整体展现。

三是对部分指标进行了局部调整。一方面,取消了部分达标率已经很高的指标,这些指标在开放数据的起步阶段可作为基础条件,但如今大多数地方已经达标,因此这些指标在评估中对不同水平地方的区分能力有所下降。另一方面,根据各地整体水平的提升以及出现的先进做法,提高了一些指标的评分标准。例如,在对搜索服务的评估中将搜索结果的颗粒度细化到字段,在对部分互动反馈的评估中强调不仅要"有回复",更要"能落实"。

省域与城市服务层评估指标体系及权重如表1所示。

表1 省域与城市服务层评估指标体系及权重

单位:%

一级指标	二级指标	省域评估权重	城市评估权重
平台体系	省域整体性	2.00	—
	区域协同性	0.50	0.50
	开放—运营平台联通性	0.50	0.50
功能运营	发现预览	2.25	2.25
	数据集获取	6.50	6.50
	社会数据及成果提交展示	1.00	1.00
	互动反馈	4.25	4.25
权益保障	开放协议	1.75	1.75
	权益申诉	1.25	1.25
用户体验	数据发现体验	1.00	1.00
	数据获取体验	1.00	1.00

二　平台体系

平台体系是指与其他数据开放平台、数据授权运营平台之间形成互联互通的体系，包括省域整体性、区域协同性与开放—运营平台联通性 3 个二级指标。

（一）省域整体性

省域整体性是指省级平台能够有效整合并保持省域内地市平台的特色。省域数据开放水平不仅体现在省级平台的表现上，也要看其对省域内地市平台的赋能与整合情况。具体而言，主要关注以下 4 个方面：地市上线率，即省域内已上线政府数据开放平台的地市占下辖地市总数的比例；省市整合度，即省级平台中提供有效链接的地市平台数占省域内已上线地市平台总数的比例；账号互通性，即省域内可通过省级或国家统一账号登录的地市平台数占省域内已上线地市平台总数的比例；地市特色性，即省域内地市平台在栏目、功能设置等方面能否保持自身特色。

截至 2023 年 8 月，福建省、广东省、广西壮族自治区、贵州省、江苏省、江西省、山东省、四川省与浙江省共 9 个省份的下辖所有地市都已上线了数据开放平台，实现了省域范围内地市平台的全面覆盖，表明开放数据的理念在这些省份内部已经得到广泛认同和有效落实，而且也为未来的协同和整合奠定了基础。

广东省、广西壮族自治区、贵州省、江苏省、山东省、四川省与浙江省平台提供了所有已上线地市平台的有效链接并在平台首页进行集中展示，用户点击各地市平台的对应链接便可直接进行跳转访问，从而快速查找所需的开放数据资源。贵州省政府数据开放平台的市州平台入口如图 1 所示。

广东省、广西壮族自治区、贵州省、辽宁省、山东省与浙江省等省份内所有地市政府数据开放平台均提供了通过统一的身份认证系统（如省级或全国账号系统）进行登录的功能，允许用户在这些省份内的各个平台之间无缝切换，显著减少了需要重复注册和登录的繁琐，从而提升了用户体验和

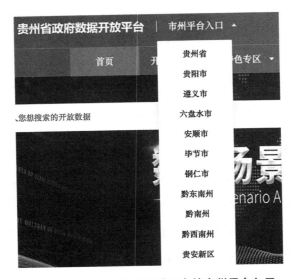

图1 贵州省政府数据开放平台的市州平台入口

资料来源：贵州省政府数据开放平台，https：//data. guizhou. gov. cn/home。

效率。通过这种方式，无论是当地居民还是外来访问者，都可以享受到更加便捷和统一的开放数据服务环境。

贵州省、四川省、浙江省等省份下辖的地市数据开放平台保持了自身一定的特色和独立性，在平台的架构设计、功能设置、运营维护等方面避免了过度标准化问题和全省平台"千篇一律"的状况。这种做法不仅为地市平台的个性化创新预留了空间，也更加便于其灵活响应和满足不同用户的差异化需求。

（二）区域协同性

区域协同性是指数据开放平台通过设置区域数据专题等形式与其他平台进行协同。山东省平台设置了鲁桂合作协同专区，与广西壮族自治区协同开放了文旅领域的部分数据集，便于进行跨区域的开发利用，如图2所示。

北京市平台设置了开放京津冀专区，与天津市和河北省合作开放了异地就医普通门（急）诊直接结算业务试点定点医疗机构名单等部分数据集，如图3所示。

图 2　山东省平台鲁桂合作协同专区部分数据集

资料来源：山东公共数据开放网，https：//data. sd. gov. cn/portal/catalog/provinceGx。

图3 北京市平台开放京津冀专区部分数据集

资料来源：北京市公共数据开放平台，https：//data.beijing.gov.cn/jjjzt。

（三）开放—运营平台联通性

开放—运营平台联通性是指平台上提供数据授权运营平台的链接或将数据运营平台作为开放平台的专题栏目。杭州市平台提供了公共数据授权运营专区的访问入口，如图4所示。

图4 杭州市平台的公共数据授权运营专区

资料来源：杭州市数据开放平台，https：//data.hangzhou.gov.cn。

三 功能运营

功能运营是指平台提供了便于用户找到并获取数据、提交及展示自己持有的公共数据及利用成果、与平台进行互动反馈等功能，并持续运营以为用户提供稳定有效的服务，包括发现预览、数据集获取、社会数据及成果提交展示和互动反馈4个二级指标。

（一）发现预览

发现预览是指数据开放平台以便捷的方式帮助用户发现数据，并在用户获取数据前提供数据集部分内容的预览功能，包括开放与授权运营数据目录、深度搜索服务和数据集预览服务3个三级指标。

1. 开放与授权运营数据目录

开放与授权运营数据目录是指平台提供了整合开放数据与授权运营数据的目录，并能全面及时更新。杭州市平台提供了可下载开放数据目录，实现了数据目录与平台实际开放数据资源的同步更新，并将授权运营数据作为"受限开放类"列入开放平台提供的数据目录，便于用户通过一个目录进行检索，如图5所示。

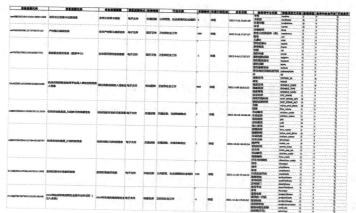

图5 杭州市平台开放数据目录以"受限开放类"纳入授权运营数据

资料来源：杭州市数据开放平台，https://data.hangzhou.gov.cn/dop/tpl/dataOpen/dataCataLogList.html？source_type＝limitCatalog。

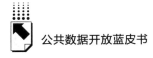

2. 深度搜索服务

深度搜索服务是指数据开放平台针对数据集和利用成果提供可有效对标题、摘要、数据内容和字段进行搜索的服务。深圳市平台提供"字段搜索"服务，通过对字段的名称、描述、类型、数据分布特征等信息进行智能分析，使用户能搜索到含有某一字段的所有数据集，如图6所示。

图6 深圳市平台的"字段搜索"服务

资料来源：深圳市政府数据开放平台，https：//opendata.sz.gov.cn/newsearch。

3. 数据集预览服务

数据集预览服务是指数据开放平台在用户获取无条件开放数据和有条件开放数据之前，提供数据集的部分内容供其预览。上海市平台除了无条件开放数据之外，也支持对有条件开放数据的预览，用户在获取数据之前可以先对数据结构、形式等有更直观的了解，并判断其能否满足自己的需求，从而减少在申请并获取数据后发现其并不符合自己需求的情况，如图7所示。

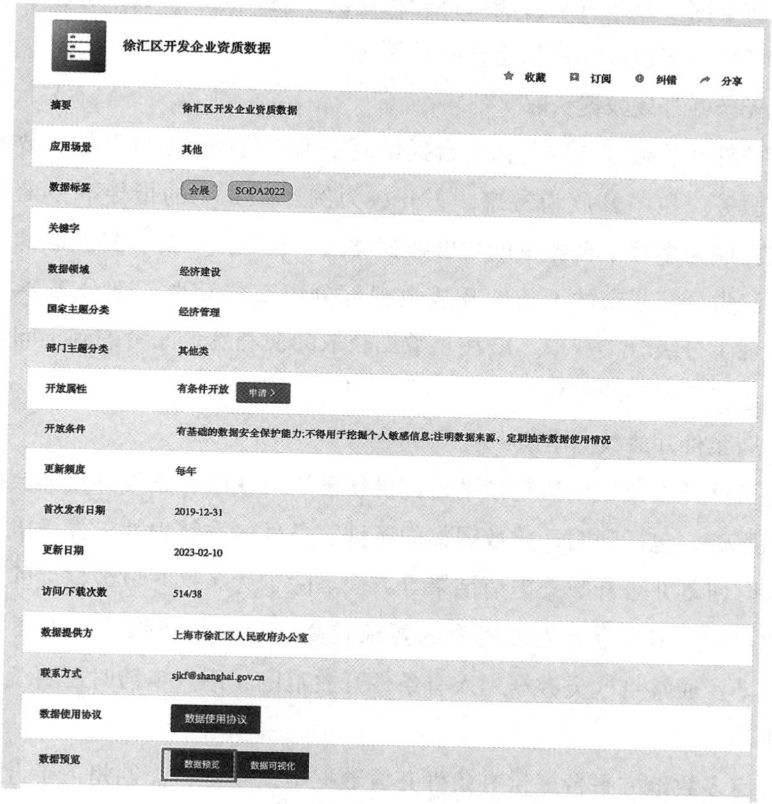

图7 上海市平台的有条件开放数据预览

资料来源：上海市公共数据开放平台，https：//data．sh．gov．cn/view/detail/index．html?type＝cp&&id＝1819&&dataset。

（二）数据集获取

数据集获取是指数据开放平台提供便于用户获取目标数据集的功能和服务，包括平台数据供给稳定性、无条件开放数据获取、有条件开放数据申请和未开放数据请求4个三级指标。

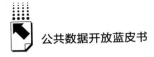

1. 平台数据供给稳定性

平台数据供给稳定性是指平台可稳定访问且未出现频繁维护或下线的情况。目前全国多数地方平台能保持较稳定的状态，只有少数地方在个别时间段出现了平台下线或无法稳定访问的情况。

2. 无条件开放数据获取

无条件开放数据获取是指平台提供便于用户获取无条件开放类数据集的功能和服务。在"开放为常态，不开放为例外"原则的指导下，无条件开放数据已成为多数平台提供的主要数据类型，也是用户最容易获取的数据类型。浙江省、杭州市的无条件开放数据部分可直接获取，部分需要登录获取，实现了分级分类获取，既注重数据获取的便利性，又考虑到不同数据集的性质进行了差异化设置。

3. 有条件开放数据申请

有条件开放数据申请是指平台提供便于用户获取有条件开放类数据集的功能和服务，包括列明开放数据集的条件、条件的非歧视性、提供申请渠道以及及时回复并公开数据申请结果等方面。除了无条件开放数据之外，部分政府数据对数据安全和处理能力的要求较高、时效性较强或者需要持续供给，各平台通常将这类数据列入有条件开放范围，用户申请时需要满足某种准入条件。

目前多数地方平台提供有条件开放数据申请功能，而德州市平台除了提供申请功能之外，也对用户的数据申请进行了及时有效的回复并公开了申请结果，包括申请的数据资源名称、申请者（已匿名化处理）、申请时间、申请原因、审核状态等信息，如图8所示。

4. 未开放数据请求

未开放数据请求是指平台对尚未开放的数据集提供便于用户进行数据开放请求的功能和服务。公共数据开放的价值实现依赖数据供应者与需求者之间的有效匹配，这一匹配的过程不是供给侧的单向推动，而是一个双向的、需求驱动的机制。在当前的环境下，尽管地方政府正在积极地整理其持有的数据资源，以丰富公共数据目录，但由于数据需求的高度多样性和变化性，

数据申请公开

序号	资源名称	申请者	申请时间	申请原因	审核状态	操作
1	GPS数据服务器与...	z*********	2023-09-28	测试	授权通过	详情
2	GPS数据服务器与...	z*********	2023-09-28	测试	授权通过	详情
3	商品房预售许可信...	z***********	2023-09-20	查询意向楼盘信息	授权通过	详情
4	双公示处罚信息_0	z***********	2023-09-13	论文	授权通过	详情
5	定向数据_数创大赛...	E***********	2023-09-08	学术研究使用	授权通过	详情
6	双公示处罚信息_0	z***********	2023-08-18	了解当地行政许可...	授权通过	详情
7	GPS数据服务器与...	z*************	2023-07-30	学术研究，2023年...	授权通过	详情
8	双公示处罚信息数...	z***********	2023-07-30	学术研究	授权通过	详情
9	定向数据_数创大赛...	z***********	2023-07-29	学术研究	授权通过	详情
10	GPS数据服务器与...	z***********	2023-07-29	用于"中国开放树林...	授权通过	详情

每页显示 10 条记录　　当前显示 1 到 10 条，共 74 条记录　　　　上一页 [1] 2 3 4 5 ... 8 下一页

图 8　德州市平台公开的有条件开放数据申请及结果

资料来源：德州公共数据开放网，http://dzdata.sd.gov.cn/dezhou/interact/dataApplyList。

现有的数据开放目录往往难以全面满足所有用户的需求。面对这一挑战，为用户提供一个向平台反馈未被满足的数据需求的渠道变得尤为重要。通过这一渠道，平台可以了解到哪些数据集被频繁请求，从而指导其数据开放策略的调整和优化。这不仅有助于提高平台的数据服务质量和用户满意度，也能推动形成一个更加高效、透明的数据开放生态系统。

德州市平台提供了未开放数据请求功能，对用户的请求进行及时有效的回复，并在需求列表栏目中对用户的请求和平台的回复进行了公开，如图 9 所示。值得注意的是，对于该平台在对用户的回复中确认增加开放的数据集，经验证确实已在平台上线，体现了德州市平台对用户需求的重视与负责。

（三）社会数据及成果提交展示

社会数据及成果提交展示是指平台提供社会数据和利用成果提交功能并集中展示用户利用平台上开放的数据所产生的各类数据利用成果，包括社会数据提交、利用成果提交与展示 2 个二级指标。

1. 社会数据提交

社会数据提交是指平台为用户提供上传社会数据的功能。除了政府数据

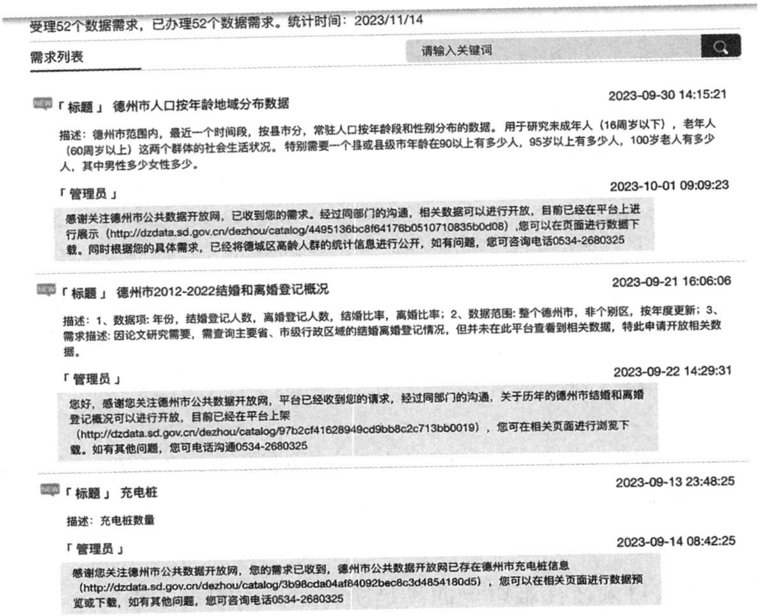

受理52个数据需求，已办理52个数据需求。统计时间：2023/11/14

需求列表 请输入关键词

NEW「标题」 德州市人口按年龄地域分布数据 2023-09-30 14:15:21

描述：德州市范围内，最近一个时间段，按县市分，常驻人口按年龄段和性别分布的数据。用于研究未成年人（16周岁以下），老年人（60周岁以上）这两个群体的社会生活状况。特别需要一个县或县级市年龄在90以上有多少人，95岁以上有多少人，100岁老人有多少人，其中男性多少女性多少。

「管理员」 2023-10-01 09:09:23

感谢关注德州市公共数据开放网，已收到您的需求。经过同部门的沟通，相关数据可以进行开放，目前已经在平台上进行展示（http://dzdata.sd.gov.cn/dezhou/catalog/4495136bc8f64176b0510710835b0d08）,您可以在页面进行数据下载。同时根据您的具体需求，已经将德城区高龄人群的统计信息进行公开，如有问题，您可咨询电话0534-2680325

NEW「标题」 德州市2012-2022结婚和离婚登记概况 2023-09-21 16:06:06

描述：1、数据项：年份，结婚登记人数，离婚登记人数，结婚比率，离婚比率；2、数据范围：整个德州市，非个别区，按年度更新；3、需求描述：因论文研究需要，需查询主要省、市级行政区域的结婚离婚登记情况，但并未在此平台查看到相关数据，特此申请开放相关数据。

「管理员」 2023-09-22 14:29:31

您好，感谢您关注德州市公共数据开放网，平台已经收到您的请求，经过同部门的沟通，关于历年的德州市结婚和离婚登记概况可以进行开放，目前已经在平台上架（http://dzdata.sd.gov.cn/dezhou/catalog/97b2cf41628949cd9bb8c2c713bb0019），您可在相关页面进行浏览下载。如有其他问题，您可电话沟通0534-2680325

NEW「标题」 充电桩 2023-09-13 23:48:25

描述：充电桩数量

「管理员」 2023-09-14 08:42:25

感谢您关注德州市公共数据开放网，您的需求已收到，德州市公共数据开放网已存在德州市充电桩信息（http://dzdata.sd.gov.cn/dezhou/catalog/3b98cda04af84092bec8c3d4854180d5），您可以在相关页面进行数据预览或下载，如有其他问题，您可咨询电话0534-2680325

图 9　德州市平台公开的数据需求列表

资料来源：德州公共数据开放网，http：//dzdata.sd.gov.cn/dezhou/interact。

之外，还有大量蕴含公共价值的数据掌握在社会主体手中，这部分数据若能开放供其他主体利用，也能带来较好的社会效益。杭州市平台为用户提供了社会数据提交功能，用户可将自己持有的数据集提交给平台，由平台审核之后向社会开放，如图 10 所示。

2. 利用成果提交与展示

利用成果提交与展示是指平台提供便于利用者提交并展示其基于开放数据开发的利用成果的相关功能。除了协助用户获取数据资源之外，平台还承担着汇集基于开放数据的利用成果的功能，以服务于数据资源的开发利用活动，鼓励更多的创新与合作，搭建互惠互利的开放数据生态系统，因此有必要为数据利用者提供提交和展示利用成果的渠道。

山东省平台的利用成果提交功能支持多种类型利用成果的提交，包括移动App、网页应用、分析报告、小程序、创新方案、可视化应用等，如图 11 所示。

图 10 杭州市平台的社会数据提交功能

资料来源：杭州市数据开放平台，https：//data. hangzhou. gov. cn/dop/tpl/
dataOpen/catalogSave. html。

图 11 山东省平台的利用成果提交功能

资料来源：山东公共数据开放网，https：//data. gov. cn/portal/application。

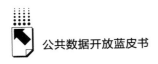

山东省平台展示了利用成果的多种来源信息，包括资源名称、提供部门和成果发布者等，如图 12 所示。

图 12　山东省平台展示的利用成果来源信息

资料来源：山东公共数据开放网，https：//data. sd. gov. cn/portal/app lication/5c2b17b956b046ac85c463640542c3a1。

（四）互动反馈

互动反馈是指平台提供便于用户与平台、数据提供方进行互动反馈的功能和服务，包括公布数据发布者联系方式、意见建议和数据纠错 3 个二级指标。

1. 公布数据发布者联系方式

公布数据发布者联系方式是指平台提供数据发布者的联系方式，包括地址、邮箱和联系电话等。这种做法便于用户在需要时与数据发布者进行直接沟通，从而提高信息的透明度和可访问性。此外，公布这些信息还有助于增强数据集的可信度，用户可以通过这些联系方式验证数据的真实性和准确性，解决可能出现的疑问或者满足进一步需求。四川省平台提供了数据发布者的联系电话等信息，如图 13 所示。

2. 意见建议

意见建议是指平台为用户提供提交意见或建议的功能和服务，对收到的意见建议进行及时有效的回复。平台的功能建设与服务运营水平的提升离不开用户意见建议的反馈，而平台对用户意见建议的回复与解决

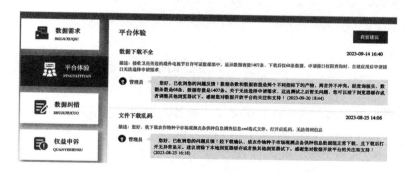

图 13　四川省平台展示的数据发布者联系方式

资料来源：四川公共数据开放网，https：//www.scdata.net.cn/oportal/catalog/7040F2832C2A450CB6ED37FFEEF2BF4D。

也能提升用户对平台及服务的信任与满意度。浙江省平台对用户的意见建议进行了及时有效的回复，并公开了用户的意见建议和平台的回复，如图 14 所示。

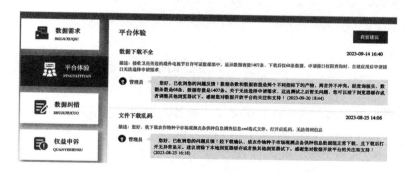

图 14　浙江省平台公开的意见建议及回复

资料来源：浙江省数据开放平台，https：//data.zjzwfw.gov.cn/jdop_front/assess/suggest/list.do？type＝2。

3. 数据纠错

数据纠错是指平台为用户提供对数据进行纠错的功能和服务，并对收到的数据纠错意见进行及时有效的回复和落实。数据纠错机制的实施对于提高数据质量、增强用户信任以及提高数据的准确性和可靠性至关重要。德州市

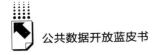

平台提供了数据纠错功能，对用户的数据纠错意见进行及时有效的回复，并对用户的数据纠错意见和平台的回复进行公开，如图 15 所示。目前，全国多数地方及时落实了数据纠错的整改。

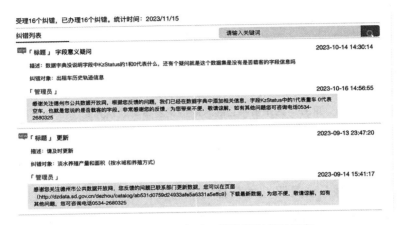

图 15　德州市平台公开的数据纠错及回复

资料来源：德州公共数据开放网，http：//dzdata.sd.gov.cn/dezhou/interact/correctionList。

四　权益保障

权益保障是指平台重视并保障用户的各项权益，包括开放协议和权益申诉 2 个二级指标。

（一）开放协议

开放协议是指平台公开开放协议并在协议中对用户和平台的权利、义务等进行了规定，涉及主动明示协议、个性化协议、数据开放利用权责规范、用户个人信息保护等方面。

如果数据开放平台将开放协议"隐藏"得很深或者根本不向用户公开，甚至默认用户打开平台就意味着其在未查看协议的情况下同意了协议的内容，将使得开放协议在事实上成为"单方面条款"，难以发挥开放协议的应有作用。贵州省平台在数据集获取页面主动向用户明示了开放协议，方便用户在获取数据之前了解协议内容，如自身的权利义务等，提升了平台的透明度，如图 16 所示。

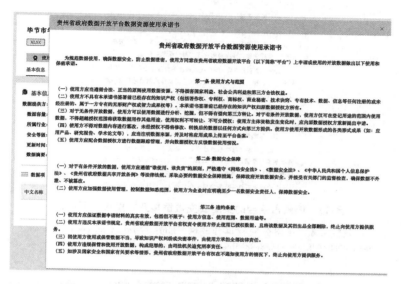

图 16　贵州省平台在数据集获取页面明示开放协议

资料来源：贵州省政府数据开放平台，https://data.guizhou.gov.cn/open-data/b5657ab6-8cb5-4a54-8856-aeb0100b2d4d？type=data。

不同于全平台统一的开放协议，德州市平台对部分数据集（如实时公交数据集）提供了个性化的开放授权许可协议，以提升协议的针对性，如图 17 所示。

德州市平台的开放协议中规定了非歧视性开放原则，对不同分级或分类数据的提供、获取及对应的权利义务等进行了差异化规范，对危害国家安全、公共利益、商业秘密、个人隐私等滥用数据的潜在不当行为进行了限制，明确告知用户其个人信息被采集的范围、用途、保护措施以及用户查看、修改、请求删除个人信息的权利，有利于保障开放数据的互惠性、规范性、灵活性及安全性，如图 18、图 19、图 20、图 21 所示。

德州市实时公交数据集开放授权许可协议

本协议是根据中国法律和相关规定制定的，因数据中包含实际发车时间、车辆状态、实时位置等信息，若数据被恶意利用，将存在车辆安全隐患，故采用"授权开放"形式开放数据。在使用德州市实时公交数据集（以下简称"数据集"）之前，请您仔细阅读并同意以下条款：

一、授权范围

1.数据集的所有权属于德州市公共汽车公司，特此授予公民、法人和其他组织（以下简称"使用者"）对数据集的非独占性、非排他性、可撤销的许可，用于非商业目的。

2.使用者享有免费、不受歧视的使用数据集进行个人学习、研究、开发和应用等合法用途，但不得直接或间接地以营利为目的进行二次销售、分发或利用数据集。

3.使用者申请数据需要详细描述使用场景、使用时间等信息。

二、数据保护

1.使用者在使用数据集过程中，需要采用合理的技术措施保护和管理数据，妥善保护数据集的安全性和完整性，不得对数据集进行修改、篡改或损坏。

2.使用者不得将数据集用于任何非法、违法或侵犯他人权

图17 德州市平台的实时公交数据集开放授权许可协议

资料来源：德州公共数据开放网，http：//dzdata.sd.gov.cn/dezhou/news/89f4 1648e476413d8c98e5bfe4f4bb5d/notice。

8.现阶段，用户有权免费获取本网站所提供的所有政务数据资源，享有数据资源的非排他使用权。用户不得有偿转让在本网站中获取的各种数据资源。

图18 德州市平台开放协议中的非歧视性开放原则

资料来源：德州公共数据开放网，http：//dzdata.sd.gov.cn/dezhou/index。

第三条 数据利用主体权利及义务

（一）本使用许可赋予数据利用主体享有所明确规定的公共开放数据的使用权。对于无条件开放数据，用户可免费、不受歧视获取平台上的数据资源、并且可以自由利用、自由传播与分享；对于有条件开放的数据，应在满足数据使用条件后进行使用。

（二）数据利用主体获取公共开放数据的使用权后，应当遵循合法、正当的原则利用公共数据，不得损害国家利益、社会公共利益和第三方合法权益。

（三）数据利用主体有权对数据使用得到的公共数据进行开发利用，其依法获得的开发效益受法律保护。

（四）数据利用主体利用公共数据形成数据产品、研究报告、学术论文等成果集，应当在成果中注明数据来源。

（五）数据利用主体应定期向数据责任主体反馈数据利用情况，配合数据责任主体进行数据跟踪管理。

（六）数据利用主体须依法依规使用公共开放数据，对于有条件开放的数据，未经数据责任主体同意，不得滥用、复制、传播数据。

（七）对于有条件开放的数据，数据利用主体利用过程中，应采取必要的安全保障措施，保障公共开放数据安全并接受有关部门的监督检查。

（八）对于有条件开放的数据，数据利用主体资格发生变化时，应向提供方重新提出使用申请。

图19 德州市平台开放协议中的差异化规范

资料来源：德州公共数据开放网，http：//dzdata.sd.gov.cn/dezhou/index。

数据利用主体在利用公共开放数据的过程中有下列行为之一，将被限制或取消数据使用权限，情节严重者，应依据有关法律法规追究其法律责任。

（一）违反公共数据开放平台管理制度；

（二）采用非法手段获取公共开放数据；

（三）侵犯商业秘密、个人隐私等他人合法权益；

（四）超出数据使用许可限制的应用场景使用公共开放数据；

（五）违反法律、法规、规章和数据授权使用许可的其他行为。

图20 德州市平台开放协议对滥用数据行为的限制

资料来源：德州公共数据开放网，http：//dzdata.sd.gov.cn/dezhou/index。

当您浏览、阅读或下载本网站的信息时，本网站会自动搜集和分拣到您的信息，包括但不限于以下内容：互联网IP、访问时间、访问次数、访问页面等。这些信息会促使我们改进本网站的管理和服务，不会被用来确定您的身份。

用户向本网站提供的个人信息将可能用于下列用途：

1. 核实用户身份，并提供相应的服务。

2. 通过发送电子邮件或以其他方式，告知用户相关信息。

3. 执行用户的指示、回应用户需求处理结果。

4. 用于用户在提供信息时特别指定的目的，例如参与问卷调查、建议征集、发表评论等。

5. 用于编制有关本网站使用的流量统计数据。

6. 其他促使本网站管理或服务改进之用途。

本网站将采用相应的技术措施和严格的管理制度，对您所提供的个人资料进行严格的管理和保护，防止个人资料丢失、被盗用或遭篡改。

如因不可抗力或计算机病毒感染、黑客攻击等特殊原因，导致所存储的用户信息被破坏、泄密并受到损失的，本网站将采取必要措施尽力减少用户的损失，但本网站对此不承担任何责任。

11. 用户有权对个人所拥有的平台个人资料进行查看，有权请求对个人信息进行更新、修改、删除等。

图 21　德州市平台开放协议对个人信息的保护

资料来源：德州公共数据开放网，http://dzdata.sd.gov.cn/dezhou/index。

（二）权益申诉

权益申诉是指平台为用户提供对权益侵害行为进行申诉的功能和服务，并对收到的申诉进行及时有效的回复。

虽然各地平台在正式开放之前已经对数据集进行了脱敏化等处理，以控制隐私泄露等方面的风险，但难免有部分数据集可能存在侵犯其他主体权益的情况。因此，有必要为用户提供权益申诉等救济渠道，以尽量减少可能的损害。上海市平台提供了权益申诉功能，并对用户的权益申诉进行了及时有效的回复，如图 22 所示。

五　用户体验

用户体验是指用户在平台使用过程中的主观体验评价，主要包括数据发现体验（用户在平台上查找所需数据资源过程中的主观体验评价）和数据获取体验（用户在平台上获取所需数据资源过程中的主观体验评价）两个方面，评估中由"体验官"实际使用各个平台后进行评价。"体验官"对各平台使用体验的反馈如图 23、图 24 所示。

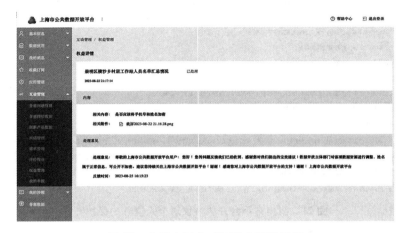

图22 上海市平台对权益申诉的回复

资料来源：上海市公共数据开放平台，https：//data.sh.gov.cn/view/personal-center/protectionManager.html。

图23 各地平台使用体验反馈中的亮点

整体上看，各地平台已能够提供较好的数据发现服务，在数据集分类（领域、主题、标签、行业等）、搜索（检索）、筛选、目录、预览、关联推荐等方面为用户提供了良好的体验，方便其通过多种功能找到所需的数据资源。

在平台提供的各类数据集中，无条件开放数据的获取体验较好，能够使

图 24　各地平台使用体验反馈中的不足

用户以较低的成本获得数据并进行开发利用。此外，部分地方平台在数据管理方面也取得了明显进步，提供了更全面的（可机读）数据格式，以及更为详细、清晰的数据集描述。

从"体验官"反馈的各地平台不足之处来看，有条件开放数据的获取对用户体验产生了较多的负面影响，许多平台的数据申请程序较繁琐且等待回复的时间过长。同时，由于有条件开放数据申请通常以用户在平台注册和登录账号为前提条件，而不少平台需要用户进行各种形式的实名认证，也带来了不好的体验。此外，平台本身的建设维护对用户体验也有影响，例如，一些平台的首页及栏目设计、页面跳转逻辑、功能按钮显示等方面存在缺陷，给部分用户带来了困扰；部分平台及功能的稳定性不足，出现了平台无法访问、填写请求后提交失败、页面加载缓慢等问题，需多次重试或刷新后才能正常使用。当然，多数地方在平台及功能的稳定性方面已经取得了较好的表现，但这是对平台的基本要求。换言之，在这些维度达到高水平并不一定会为用户带来惊喜，但如果出现严重的问题则会对用户体验造成极为不利的影响。

六　建议

在平台体系方面，建议推动各省份及下辖地市积极上线公共数据开放平

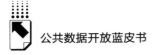

台并支持其保持自身特色，推进地市平台使用统一和便捷的身份认证系统，实现省域内的"无感漫游"，在省级平台提供地市平台的链接，探索区域数据专题等跨区域数据协同开放形式，实现数据授权运营平台与开放平台的联通。

在功能运营方面，建议提供及时更新、可下载、整合开放数据与授权运营数据的目录，提供可有效对标题、摘要、数据内容和字段进行搜索的服务，并支持无条件开放数据和有条件开放数据的预览；建议保障平台数据供给的稳定性，实现无条件开放数据的分级分类获取，开通有条件开放数据申请功能并列明申请条件，对用户的有条件开放数据申请和未开放数据请求进行及时有效的回复并公开相关信息；建议设置社会数据提交功能，为开发者提供多种类型的开放数据利用成果的提交入口，展示多种利用成果和利用成果的多种来源信息；建议公布数据发布者的联系方式，对用户的意见建议和数据纠错进行及时有效的回复与落实并公开相关信息。

在权益保障方面，建议向用户主动明示协议内容，对不同级别和类型数据的开放利用进行差异化的规范，加强用户个人信息保护，充分保障其知情权，提供权益申诉功能并对用户的权益申诉进行及时有效的回复。

在用户体验方面，建议结合用户反馈并参考先进经验，持续优化用户在发现和获取数据过程中的体验。

B.5
公共数据开放数据层报告（2024）

吕文增*

摘　要： 数据的数量与质量是政府公共数据开放工作成效评价的重要组成部分。2023 年中国地方政府公共数据开放利用评估中，数据层的指标体系包括数据数量、开放范围、数据质量、安全保护 4 个一级指标。其中，省域评估指标体系侧重于体现省级政府整合统筹地市数据以及对下辖地市数据开放与运营工作的赋能效果，而城市评估指标体系更侧重评估数据本身。依据该指标体系，本报告通过机器自动抓取和处理各地政府公共数据开放平台上开放的数据以及授权运营平台数据目录，结合人工观察与核验，最终采集相关数据进行统计分析。本报告对各地开放与运营的数据进行了综合评测，并介绍了各个指标的评估方法、全国总体情况与优秀案例供各地参考。报告发现，全国在数据层面总体开放水平有进步，运营水平已经提高，但是关键数据集的开放质量尚显不足，尤其是开放高需求、高容量数据集与相应数据项，同时帮助用户理解数据的相应规范也存在短板。最后，报告建议各地注重扩大单个开放数据集的容量，在满足社会需求与确保安全的前提下持续扩大开放与运营数据的范围，提升数据质量，保持稳定更新频率。

关键词： 数据数量　开放范围　数据质量　安全保护　数据运营

数据层是"数叶"，是数据开放的核心。各地公共数据开放工作的核心就是在保障安全合规的前提下，持续开放与运营数量更多、质量更高、范围

---

* 吕文增，南京大学数据管理创新研究中心博士生，复旦大学数字与移动治理实验室研究助理，研究方向为公共数据开放、数字治理。

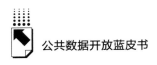

更广的公共数据给社会利用，尤其是国家政策中有要求、市场有需求的重点领域的高价值数据。具体而言，数据层主要从数据数量、开放范围、数据质量与安全保护等方面进行评估。

一 指标体系

数据层在省域与城市两个层面的评估指标体系保持整体一致，均重点评估省域和城市地方政府所开放的数据在数量、范围、质量和安全保护上的要求，同时个别指标与权重的差异体现了省域和城市两级政府所侧重的工作方向的差异，如表1所示。相较而言，省域指标既考察省（自治区）本级开放的数据，也注重发挥省级政府对省内下辖地市的统筹协调和赋能作用，是全省各地市数据开放的整体成效，例如评测省份整合与开放各地市相同类型的数据，协调各地市在开放目录、格式、元数据标准、数据项等方面按照统一的标准与规范来开放，因此省域指标评估的是全省范围内的整体水平。而城市有所不同，城市形成的"空间"和"聚落"是公共数据的载体，因此城市指标侧重的是城市范围内实际开放与运营数据的产出。

表1 省域与城市数据层评估指标体系及权重

单位：%

一级指标	二级指标	省域评估权重	城市评估权重
数据数量	有效数据集总数	3.50	4.00
	单个数据集平均容量	4.25	4.50
	高需求高容量关键数据集	5.25	5.50
开放范围	主题与部门多样性	1.75	2.00
	公共数据来源多样性	1.25	1.50
	基础性数据集	0.75	1.00
	高需求数据集	2.00	2.50
	包容性数据集	1.25	1.50

续表

一级指标	二级指标	省域评估权重	城市评估权重
数据质量	可获取性	3.25	3.50
	可用性	2.50	3.00
	可理解性	4.00	3.50
	完整性	4.50	5.00
	及时性	6.25	6.50
	持续性	2.50	3.50
安全保护	个人隐私数据保护	0.25	0.50
	失效数据撤回	1.75	2.00

二 数据数量

数据数量是指地方政府公共数据开放平台上开放的有效数据集的数量和容量，以及地方运营的数据集数量。有效数据集总数用于评测省域与各城市公共数据开放平台上实际开放的、能被用户真正获取的数据集总数，包括无条件开放的数据和有条件开放的数据，同时评测运营平台上公开运营的数据集数量。

有些地方平台宣称所开放的数据集总数很多，但实际用户能够获取的数据有限，甚至少部分平台无法提供有效的功能帮助用户获取数据，也有平台的所有开放数据都需要申请，但用户申请的有条件开放的数据却无法得到答复或反馈，平台长期处于无人响应的状态，这些平台提供的有效数据集数量十分有限。对于地方运营平台上公开运营的数据，不同数据对申请主体要求具有不同的资质，获取门槛较高，报告无法评测其真实有效性。

单个数据集平均容量用于评测地方公共数据开放平台上无条件开放的数据集容量的平均水平，在准确性得以保障的前提下，高容量的数据集颗粒度较细、时间与空间覆盖范围更全面，数据利用价值更高。部分地方平台上开放的数据集条数低、数据项少、内容空缺多，单个数据集容量很低；而有些地方虽然平台上开放的数据集总数不多，但多数数据集有大量的条数与丰富

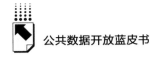

的数据项，数据利用价值较高。

高需求高容量关键数据集是将国家政策要求重点开放的行业领域中全国无条件开放的所有数据集的容量作比较，挑选出容量高同时也是社会高需求的关键数据集，最终统计各地在此类数据中的开放情况。对于省级地方，指标还会评测省级政府整合开放省域范围内各地市的高容量数据集的成效。部分地方开放的数据集容量高，但并不是当前社会需求较高的数据集，比如图书馆馆藏目录，此类数据的统计权重会低于高需求高容量数据集。也有地方高容量数据集不是很多，但包含较多高需求数据集，会在统计过程中获得更高的权重。同时该指标会评测各地无条件开放的数据集 API 接口的使用成效并统计优质 API 的数量。

（一）有效数据集总数

数据集是指一组数据的集合，这些数据通常以表格的形式组成，每一列代表一个特定的变量，每一行代表一个数据样本或观测值。有效数据集总数是指地方公共数据开放平台上开放的真实有效的数据集的数量。

有效数据集是剔除了平台上的无效数据后的总数。无效数据主要指平台上无法获取数据集、虚假数据集和重复数据集 3 类。无法获取数据集包括平台上无条件开放的数据未提供数据文件给用户下载或无法调用接口、文件无法下载或下载后无法打开、即使能打开但内容为空等，此类情况都视作无效数据；虚假数据是指数据内容无法识别与使用，如无实际作用的符号与数字，属于非真实数据；重复数据是指标题、主题等元数据与内容相同的多个数据集重复出现，此种情况下多个重复数据只算一个有效数据集。

省域评估指标体系中，有效数据集总数指标分为省（自治区）本级有效数据集总数和省域有效数据集总数，前者是为了促进省（自治区）本级开放与运营更多数据集所设定的；后者是评测省域内所有城市开放与运营的有效数据集总数，以考量省（自治区）本级促进全省范围内各城市数据开放与运营所产生的效果。

截至 2023 年 9 月，代表性省份省（自治区）本级开放的有效数据集总数如图 1 所示，贵州省本级开放的有效数据集总数最多，达到 4535 个；其次是湖南，开放了 3520 个数据集；再次是海南、浙江、广西等省份。代表性省份省域开放的有效数据集总数如图 2 所示，山东省域开放的有效数据集总数最多，达 83642 个，远超其他地方；其次是广东，省域开放了 56567 个数据集；再次是江苏、浙江、四川、福建等地，省域间差距较大。截至 2023 年 9 月，代表性城市开放的有效数据集总数如图 3 所示，这些城市主要集中在山东省内（除成都以外），其中，滨州开放的有效数据集总数最多，其后依次是临沂、成都、威海、潍坊、聊城、青岛，均开放了超过 6000 个有效数据集。

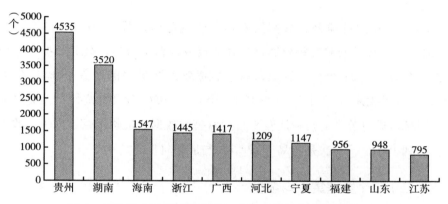

图 1　代表性省份省（自治区）本级开放的有效数据集总数

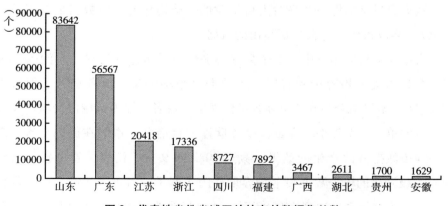

图 2　代表性省份省域开放的有效数据集总数

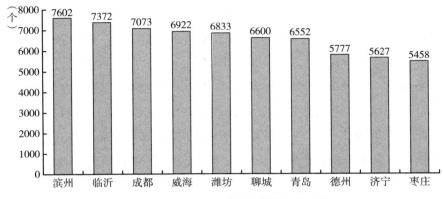

图 3　代表性城市开放的有效数据集总数

2023 年我国各地公共数据授权运营刚刚起步，截至 2023 年 9 月，省（自治区）本级层面只有福建通过公开的授权运营平台运营公共数据，有效数据集总数达到 21 个；省域运营有效数据集总数最多的地方是浙江（199 个），其次是山东（12 个）与四川（8 个）。城市层面只有杭州、青岛与成都 3 个城市通过公开的授权运营平台运营公共数据，杭州运营数据集总数最多，达到 199 个，其次是青岛（12 个）与成都（8 个）。

（二）单个数据集平均容量

单个数据集平均容量是指平均每个无条件开放的有效数据集的数据容量。数据容量是指将一个平台上可下载的、结构化的有效数据集的字段数（列数）乘以条数（行数）后得出的数据量。

省域评估指标体系中，单个数据集平均容量指标分为省（自治区）本级单个数据集平均容量和省域单个数据集平均容量，前者是为了促进省（自治区）本级整合与开放更高容量数据集，后者是评测省域内的城市无条件开放的单个数据集平均容量，以考量省（自治区）本级在促进全省范围内各地市数据开放产生的效果。截至 2023 年 9 月，代表性省份省（自治区）本级开放的单个数据集平均容量如图 4 所示，山东省本级开放的数据集的平均容量最高，达到 119.89 万，远超其他地方；其后依次是浙江、海南、广东等省份，省域间差距较大。代表性省份省域开放的单个数据集平均容量如图 5 所示，山东仍然最高，全省开放数据集平均容量为 46.27 万，在全国领先优势明显；其次是浙江、贵州、广西等省份。代表性城市开放的单个数据集平均容量如图 6 所示，德州开放的单个数据集平均容量接近 300万，其后依次是东营、日照、杭州、嘉兴等城市。

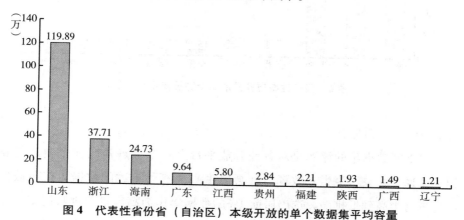

图 4   代表性省份省（自治区）本级开放的单个数据集平均容量

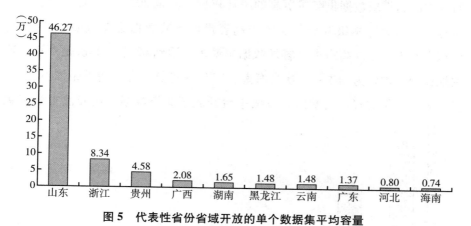

图 5   代表性省份省域开放的单个数据集平均容量

（三）高需求高容量关键数据集

高需求高容量关键数据集基于各地无条件开放的可下载数据集容量统计与 API 接口的可用程度进行评测，包含可下载数据集、高整合度数据集与

115

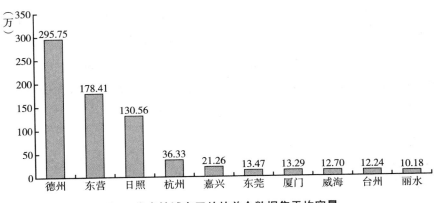

图6　代表性城市开放的单个数据集平均容量

优质 API 3 个指标。

　　可下载数据集的评测是对各地开放平台上 6 个重点领域（企业注册登记、交通、气象、卫生、教育与社会民生）所有可下载的数据集按照数据容量进行由高到低排序，选出居前 1% 的数据集作为高容量关键数据集，并对其中的高需求数据集赋予更高的统计权重。截至 2023 年 9 月，代表性省份省（自治区）本级开放的高需求高容量可下载数据集总数如图 7 所示，山东省本级开放的高需求高容量数据集最多，达到 62 个；其次是浙江，这两地在全国均较为领先；再次是海南、广东等省份。省份间差距依然较大，只有 8 个省份的省（自治区）本级平台开放了此类数据。代表性省份省域

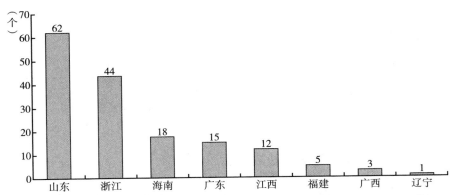

图7　代表性省份省（自治区）本级开放的高需求高容量可下载数据集总数

开放的高需求高容量可下载数据集总数如图 8 所示，山东全省范围开放的高需求高容量数据集最多，达到 451 个，远高于其他省份，其次是浙江、四川、广东等省份，仍然只有 8 个省份开放了此类数据。代表性城市开放的高需求高容量可下载数据集总数如图 9 所示，较高的是济宁与杭州，两地开放的此类数据集总数均超过了 110 个；其后依次是德州、威海、台州等城市，该指标较好的城市主要集中在山东与浙江两个省份。

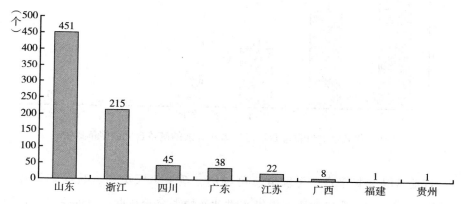

图 8　代表性省份省域开放的高需求高容量可下载数据集总数

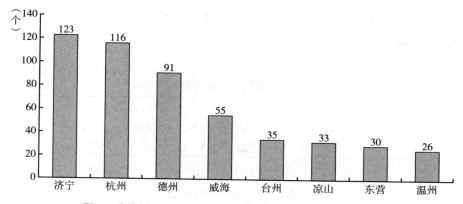

图 9　代表性城市开放的高需求高容量可下载数据集总数

高整合度数据集是指省级政府整合省域内各城市内容相同或相近的数据集，用一个数据集覆盖各城市数据，这类数据集数据容量高，整合程度好。

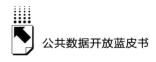

截至 2023 年 9 月，代表性省份省（自治区）本级开放的高整合度数据集数量如图 10 所示，山东和浙江提供了最多的高整合度数据集，在省域中保持领先，其后依次是广东、海南、广西、陕西等省份。

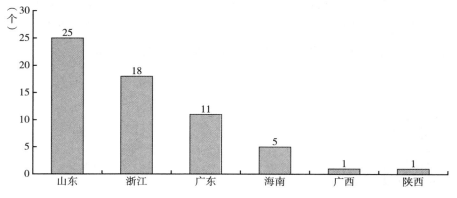

图 10　代表性省份省（自治区）本级开放的高整合度数据集数量

优质 API 是指平台上可获取、可调用、至少每天更新、数据容量较高的 API 接口。API 接口适用于提供实时动态的高容量数据，以促进高价值数据的开发与利用。如表 2 与表 3 所示，截至 2023 年 9 月，山东与浙江平台提供了省本级优质 API 接口；城市共有 11 个优质 API 接口，分布在杭州、济南与温州。

表 2　省（自治区）本级优质 API 接口

序号	省份	优质 API 接口名称
1	山东	山东省环境空气质量监测数据信息分页查询服务
2	浙江	个体工商户基本信息（个体工商行政许可信息）

表 3　城市优质 API 接口

序号	城市	优质 API 接口名称
1	杭州	公交车 GPS 数据信息（杭州）
2	杭州	排班作业计划数据信息（杭州）
3	杭州	线路站点分布信息

序号	城市	优质 API 接口名称
4	杭州	杭州市 24 小时逐小时预报信息
5	济南	济南市个体户注销信息分页查询服务
6	济南	济南市未来七天天气预报数据分页查询服务
7	济南	济南市企业登记基本信息查询
8	济南	书目馆藏数据分页查询服务
9	温州	法定代表人信息
10	温州	营运车辆基础信息
11	温州	网约车车辆基本信息

如表 4 至表 15 所示，截至 2023 年 9 月，省（自治区）本级和城市地方政府数据开放平台在六大重点数据领域开放的可下载数据集中数据容量排名前十位的数据集列表，这些数据集普遍具有较高的条数、字段数和下载量。

表 4　省（自治区）本级前十个高容量企业注册登记数据集

序号	省份	数据集名称	行	列	数据容量
1	山东	山东省个体工商户年度报告信息	34909119	7	244363833
2	山东	山东省企业登记基本信息	5120412	42	215057304
3	山东	山东省个体工商户登记信息	13066863	10	130668630
4	山东	山东省小微企业名录信息	8391602	8	67132816
5	山东	山东省农民专业合作社登记信息	199278	40	7971120
6	山东	山东省食品经营许可证信息	892342	7	6246394
7	山东	山东省个体工商户吊销信息	938949	5	4694745
8	山东	山东省特种设备作业人员考试机构备选库信息	488494	7	3419468
9	海南	市场主体注销登记信息	40000	72	2880000
10	山东	山东省企业分支机构信息	266740	10	2667400

表 5　省（自治区）本级前十个高容量交通数据集

序号	省份	数据集名称	行	列	数据容量
1	山东	省内网约车车辆基本信息表	366290	29	10622410
2	山东	全省交通工程从业人员信息	203863	22	4484987

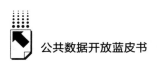

续表

序号	省份	数据集名称	行	列	数据容量
3	浙江	省交通运输厅_道路运输_普通货运业户基础信息	359996	8	2879968
4	浙江	省交通运输厅_道路运输_网约车车辆基础信息	345973	8	2767784
5	广东	广东省交通运输道路运输企业信用信息	381467	7	2670269
6	广东	广东省公路桥梁基础信息（国、省、县道）	88137	24	2115298
7	江西	2021开放大赛_城市交通_城市交通数据汇总	345340	6	2072040
8	浙江	中华人民共和国道路运输从业人员从业资格证版式文件	465484	4	1861936
9	山东	省内船舶管理业务经营许可证信息	24847	59	1465973
10	广东	广东省公路路线基本信息（国道、省道、县道）	55722	16	891552

表6　省（自治区）本级前十个高容量气象数据集

序号	省份	数据集名称	行	列	数据容量
1	山东	山东省日降水量信息	1267703	7	8873921
2	山东	山东省环境空气质量监测数据信息	317080	18	5707440
3	浙江	渔区预报信息（新）	282048	15	4230720
4	浙江	近岸海区预报信息（新）	235000	17	3995000
5	山东	山东省月降水量信息	176189	14	2466646
6	浙江	浙江省水库水情信息	584110	4	2336440
7	山东	山东省区域日降水量信息	155228	9	1397052
8	山东	山东省日降雨量信息	163166	6	978996
9	浙江	气象灾害预警信号信息	69011	12	828132
10	浙江	海岛预报信息（新）	37100	14	519400

表7　省（自治区）本级前十个高容量卫生数据集

序号	省份	数据集名称	行	列	数据容量
1	广东	餐饮服务从业人员健康证明查询	1423989	3	4271968
2	广东	零售药店基本信息	47119	12	565438
3	广东	药学技术人员备案查询	132351	4	529404
4	海南	村医通药品目录信息	20000	52	1040000
5	海南	海南省村医通定点医疗目录信息	20000	38	760000
6	海南	海南省村医通中心疾病诊断信息	20000	30	600000
7	海南	医疗机构基本信息	5180	46	238280

续表

序号	省份	数据集名称	行	列	数据容量
8	江西	2022 开放大赛_慢阻肺数据	248579	5	1242895
9	江西	2020 开放大赛_医疗健康_医疗机构基础信息	43478	5	217390
10	山东	电子证照-山东省医师执业证	333659	8	2669272

表8 省（自治区）本级前十个高容量教育数据集

序号	省份	数据集名称	行	列	数据容量
1	江西	2021 开放大赛_算法 VTE 预测数据	279901	78	21832328
2	江西	2022 开放大赛_电子卖场赛题数据	43492	65	2826970
3	江西	2021 开放大赛_数字经济企业画像数据	86660	29	2513130
4	海南	文物入库信息	20000	60	1200000
5	江西	2021 开放大赛_线索研判_工单搜索引擎数据	109622	10	1096220
6	海南	海南博物馆文物信息	20000	50	1000000
7	山东	山东省省级非师范类优秀毕业生信息	179280	5	896400
8	山东	山东省已取得高等学校教师资格人员基本信息	114309	7	800163
9	浙江	数字少年宫-网上征集活动参与信息	103245	7	722715
10	广西	广西普通高考符合地方专项计划资格考生信息公示	85609	7	599263

表9 省（自治区）本级前十个高容量社会民生数据集

序号	省份	数据集名称	行	列	数据容量
1	浙江	数字社会-文化场馆预约数据-信息	997700	15	14965500
2	浙江	村（社区）文化活动室基础信息	139987	41	5739467
3	山东	山东省农村低保人员信息	1362616	3	4087848
4	山东	安全生产管理人员安全生产知识和管理能力考核合格证	346313	8	2770504
5	广东	广东省社会组织基本信息表	201845	13	2623985
6	浙江	医保药品目录查询信息	155981	10	1559810
7	山东	山东省外事要闻	168198	6	1009188
8	山东	山东省农村特困人员信息	324310	3	972930
9	江西	2020 开放大赛_赣服通_赣服通用户行为数据	80000	12	960000
10	浙江	避灾安置场所信息（无条件开放）	58289	16	932624

表 10   城市前十个高容量企业注册登记数据集

序号	城市	数据集名称	行	列	数据容量
1	德州	企业人员信息	8057327	12	96687924
2	德州	企业经营异常名录信息	5131780	10	51317800
3	德州	个体工商户登记信息	3526744	9	31740696
4	青岛	经营异常名录	2235638	13	29063294
5	济宁	个体工商户登记基本信息	1064199	22	23412378
6	德州	个体户经营者信息	999737	18	17995256
7	东莞	企业良好行为信息	1519876	10	15198760
8	德州	企业登记信息	829022	17	14093384
9	东莞	工商登记信息	691698	20	13833960
10	凉山	个体年报基本信息	575738	24	13817712

表 11   城市前十个高容量交通数据集

序号	城市	数据集名称	行	列	数据容量
1	德州	出租车历史轨迹信息	423194331	17	7194303622
2	德州	齐河县_公交实时信息表_齐河县慧通公共交通有限公司	146449353	32	4686379297
3	日照	日照市公交 GPS 信息	44230166	27	1194214484
4	德州	临邑县_临邑县公交到站预报信息_临邑县宏远公交有限公司	34914905	14	488808672
5	东营	东营区危化品运输车辆 GPS 监测信息	18699998	5	93499988
6	泰安	泰安市城建集团停车场停车记录相关信息	371886	34	12644124
7	嘉兴	嘉兴港区智慧停车订单信息	413213	23	9503899
8	杭州	道路运输从业人员资格信息（出租车人员）（杭州）	241528	34	8211952
9	杭州	建德市智慧交通指挥中心系统-售票检票信息	247050	23	5682150
10	台州	公交流水信息	114359	39	4460000

表 12   城市前十个高容量气象数据集

序号	城市	数据集名称	行	列	数据容量
1	德州	气象监测数据_禹城工业园区	40179457	14	562512398
2	德州	未来 10 天天气预报信息	22295251	13	289838263
3	德州	德州市空气质量信息	8741019	33	288453627
4	德州	降雨监测统计信息	1139008	13	14807124

序号	城市	数据集名称	行	列	数据容量
5	杭州	径山茶叶园区微气象监测要素信息	50001	141	7050141
6	德州	查询德州站点雨量数据	300011	19	5700209
7	深圳	深圳市未来七天天气预报数据	213052	25	5326300
8	日照	日照市空气质量监测数据	356150	13	4629950
9	杭州	水位设备信息	300001	14	4200014
10	杭州	滨江区天气预报历史信息	248032	15	3720480

表 13　城市前十个高容量卫生数据集

序号	城市	数据集名称	行	列	数据容量
1	东营	东营市职工医保缴费历史信息	111364952	7	779554664
2	德州	德州市定点医疗机构医疗费用联网结算就医信息	27891484	18	502046720
3	东营	东营市医保结算明细信息	53962444	6	323774664
4	德州	住院基本信息_武城县人民医院	40279838	8	322238703
5	德州	临时住院信息_武城县人民医院	8104609	36	291765908
6	东营	东营市医保结算登记信息	53960986	4	215843944
7	德州	武城妇幼保健院_药品使用信息按批次	6720508	19	127689648
8	德州	武城妇幼保健院_药品批次信息	5704766	20	114095319
9	德州	医嘱信息_武城县人民医院	4701506	19	89328614
10	东营	东营市挂号记录信息	1780476	34	60536168

表 14　城市前十个高容量教育数据集

序号	城市	数据集名称	行	列	数据容量
1	德州	德州天衢新区大型仪器平台实验数据表	53680597	14	751528358
2	杭州	萧山中小学学生信息	362153	21	7605213
3	济宁	经开区学院学生采集信息	359871	18	6477678
4	济宁	省属高校驻济学生参保名单	980831	5	4904158
5	杭州	滨江区图书馆总览信息	404982	12	4859784
6	济宁	嘉祥中职学生信息	319453	15	4791795
7	嘉兴	图星智慧图书馆服务-在借记录信息	193641	21	4066461
8	东营	广饶县图书馆馆藏信息	745886	5	3729430
9	嘉兴	桐乡智慧图书馆-用户成员馆身份信息	244790	15	3671850
10	杭州	萧山区中小学学生历史信息	54644	55	3005420

表 15 城市前十个高容量社会民生数据集

序号	城市	数据集名称	行	列	数据容量
1	东营	东营市参保人员历史缴费信息	186397218	12	2236766616
2	东营	广饶县电梯监测预警信息	176641688	11	1943058570
3	东营	垦利区城市管理内涝监测信息	24580675	14	344129455
4	东营	河口区城市物联网监测历史信息	40031656	6	240189933
5	德州	平原县-用水欠费信息-平原县润泽水务发展有限公司	12401246	17	210821188
6	德州	宁津县供水缴费信息	3622318	25	90557950
7	东营	河口区物联网供水日报信息	4199998	16	67199968
8	济宁	邹城市社会治理上报事项信息	312353	138	43104714
9	东营	东营市药店刷卡汇总信息	5568089	7	38976623
10	德州	德州市社会救助民生资金监管信息	4195306	8	33562445

三 开放范围

开放范围是指平台上开放与运营的数据集在数据主题、参与的政府部门与非政府主体、基础性数据集、高需求数据集以及包容性数据集方面的丰富程度。公共数据开放与运营应当不断扩大数据的主题领域、参与的政府部门与社会主体范围，开放更多公益性、高需求、包容性数据集。开放范围指标主要包含主题与部门多样性、公共数据来源多样性、基础性数据集、高需求数据集、包容性数据集 5 个指标。

（一）主题与部门多样性

主题与部门多样性是指平台上开放的数据集所涉及的主题领域与来源部门的丰富程度。主题多样性评测平台上开放的数据集在经贸工商、交通出行、机构团体、文化休闲、卫生健康、教育科技、社会民生、资源环境、城建住房、公共安全、农业农村、社保就业、财税金融、信用服务、气象服务 15 个基本主题上的覆盖程度。部门多样性评测平台上开放的数据集所来源的政府行政职能部门在 32 个国务院设立的行政职能部门的覆盖比例。

截至 2023 年 9 月，代表性省份省（自治区）本级部门主题覆盖比例如图 11 所示，所有基本主题完全覆盖的省份有山东、浙江、广西、四川、福建与贵州，其次是海南、安徽、广东等。而城市中大多数城市（约占在评城市的 66%）开放的数据能够覆盖所有基本主题领域。代表性省份省（自治区）本级政府部门覆盖比例如图 12 所示，山东、浙江与贵州省本级政府部门达到全覆盖，其后依次是广西、福建、四川、广东等。城市的部门多样性相对更高，约 26% 的城市所有行政职能部门都参与数据开放，约 60% 的城市的部门覆盖比例超过了 90%。

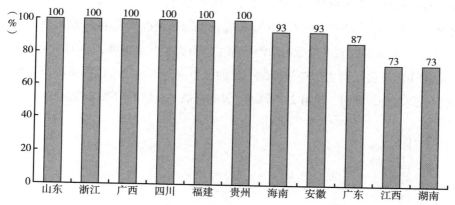

图 11　代表性省份省（自治区）本级部门主题覆盖比例

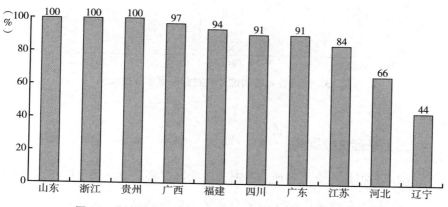

图 12　代表性省份省（自治区）本级政府部门覆盖比例

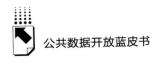
（二）公共数据来源多样性

公共数据来源多样性是指平台上开放了来自国企、事业单位、民企私企、社会组织 4 类社会主体提供的数据集。政务部门（包括党委、人大、政府、政协、法院、检察院）与人民团队（工青妇团、残联、学联、台联、工商联、红十字会、贸易促进会、工商业联合会等）不在该指标考察范围内。

截至 2023 年 9 月，代表性省份省域公共数据来源多样性比例如图 13 所示，山东开放数据来源覆盖了所有类型社会主体，包括国企、事业单位、民企私企、社会组织的数据；其次是浙江、贵州、广西与四川，覆盖开放了国企与事业单位 2 种类型社会主体数据；广东、江苏、河北等地只开放了事业单位 1 种社会主体数据。城市平台公共数据来源类型覆盖比例分布情况如图 14 所示，在评城市中只有 4%的城市平台开放数据来源覆盖了所有类型社会主体，而 11%的城市公共数据来源覆盖比例为 75%，较高占比的城市（36%）公共数据来源类型覆盖比例达到 50%，同时，仍有 23%的城市没有开放非政府部门来源的数据。

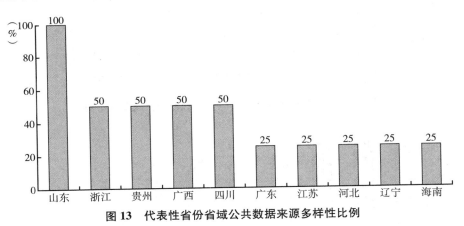

图 13　代表性省份省域公共数据来源多样性比例

（三）基础性数据集

基础性数据集是全国各地方普遍开放的数据集清单，用于评测地方平台上开放的数据集在普遍开放的 25 类数据集上的覆盖程度。本报告对在评地区

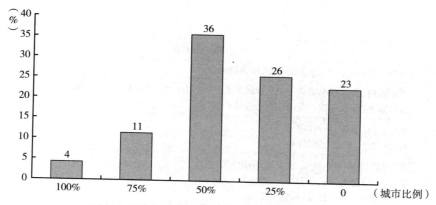

图 14　城市平台公共数据来源类型覆盖比例分布

平台上开放的所有数据集的名称进行了文本分析，梳理出 25 类各地平台上常见的开放数据集，如表 16 所示。目前在省域方面，只有山东与浙江省本级平台开放了所有基础性数据集；在城市方面，约有 21% 的在评城市开放了所有基础性数据集，包括北京、上海、青岛、成都、广州、宁波、威海、无锡等城市。

表 16　各地平台上常见的开放数据集

序号	基础性数据集
1	人员登记信息（就业失业登记、城乡居民登记、常住人口、劳动力统计、人才引进）
2	就业（招聘公告、公示名单、培训） 创业支持（补贴、担保、培训、创业基地名单）
3	企业注册（登记、注销、备案） 企业变更（股权、名称、经营范围、地址）
4	教育机构名单（幼儿园、中小学、培训机构、特殊学校、民办学校、教育基地） 教育收费（学费、收费标准）
5	师生管理（教师招聘、资格证、考核、评优、招生信息）
6	旅游业相关信息（景区信息、客流量、服务质量评价、旅行社、导游人员）
7	文娱场所（文化馆、博物馆、图书馆、档案馆、场地申请）
8	经济指标（生产总值、第三产业法人单位指标、工业企业指标、增长速度） 进出口贸易（货物审批、检验检疫、贸易总值、海关信息）
9	农产品（价格、质量检测、收购、补贴） 农业生产用具（农业机械登记、购置补贴）
10	企业信用（失信企业名单、经营异常名录、信用评价）

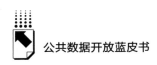

续表

序号	基础性数据集
11	社会组织登记备案(慈善组织、人民调解组织)
12	医疗机构(医院基本信息、名单、社区卫生服务中心、定点医疗机构、养老机构) 医疗服务点(预防接种点、药店、急救站)
13	医疗器械(备案、许可证) 药品(目录、审批、经营许可)
14	车辆(机动车、出租汽车、公交车、网约车信息) 企业名单(道路运输企业、公交企业) 人员管理(驾驶员信息、从业资格证)
15	交通设施(公交站点、停车场、维修站点、加油站、客运站、公路收费站) 运输设施(道路、公路、桥梁)
16	公共交通运营调度(公交线路、时刻表、客运班线) 交通路段路况数据(流量、卡口数据)
17	森林(开发批准、古树名称、森林公园信息) 矿产(采矿权、生产许可、储备登记)
18	食品安全(抽检、生产许可)
19	财政管理(预算、收支、拨款、税务)
20	建设项目施工信息(施工审批、许可、竣工验收) 建设工程规划(用地规划许可证、规划设计方案) 人员管理(建筑业从业人员)
21	科技项目(计划、成果、专利)
22	环境监测(空气质量、水质、土壤、污染源) 排污(排污单位名录、许可证、污水处理设施)
23	自然灾害应急工程(防汛、地质灾害防治) 应急场所(避难场所、应急粮食供应网点)
24	法律事务相关人员(律师执业信息、执法人员、公证人员) 机构(司法鉴定机构、律师事务所、法律援助机构、公证机构、执法主体信息)
25	气象监测数据(气象灾害、河道水情、雨量实时监测数据) 天气预报、指数

(四)高需求数据集

高需求数据集是全国各地方平台下载量最高的开放数据清单,本报告对这些需求较高的数据集的名称进行了文本分析,总结了9类数据集与23个关键数据项(见表17)。该指标用于评测地方平台上开放的数据集在这些数据集与数据项上的覆盖程度。

截至 2023 年 9 月，代表性省份省域高需求数据集开放比例如图 15 所示，只有山东开放了所有高需求数据集与关键数据项，其次是浙江、贵州与广东，开放比例都超过了 80%，再次是福建、四川、广西等省份。城市高需求数据覆盖相对更高，代表性城市高需求数据集开放比例如图 16 所示，北京、贵阳与淄博开放了所有高需求数据集与关键数据项，其次是广州与宜宾，开放比例都为 95%，再次是成都、哈尔滨、天津、杭州与佛山等城市。

表 17　高需求数据集与数据项

数据集名称	关键数据项
学校（包括幼儿园、小学、初中）基本信息	幼儿园名称、地址
	小学名称、地址
	初中名称、地址
学校招生信息	在校学生数
	招生数
医疗机构信息	机构名称
	地址
宏观经济指标	GDP/产业增加值
	就业率
农产品产量价格监测	年月
	农产品名称/类别
	产量
	价格
城市环境空气质量状况	日期
	PM2.5/PM10
	空气质量级别/类别
个体工商户基本信息	公司名称
	统一社会信用代码
道路运输从业企业与人员信息	许可证/驾驶证号
	有效期
施工许可证	工程名称
	施工许可证编号
	企业名称

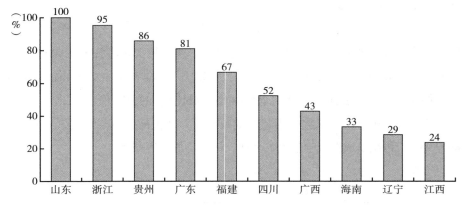

图 15　代表性省份省域高需求数据集开放比例

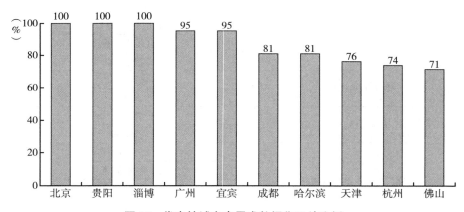

图 16　代表性城市高需求数据集开放比例

（五）包容性数据集

包容性数据集是指平台上开放的与老人、妇女儿童、残疾人等弱势人群相关的公共数据。开放更多种类包容性数据能够帮助社会市场主体使用此类数据开发适用于更多人群的产品与服务。表 18 为全国范围内部分地方政府开放的包容性数据集。

截至 2023 年 9 月，代表性省份省（自治区）本级和代表性城市开放的包容性数据集覆盖比例如图 17 与图 18 所示。省（自治区）本级开放的包容性数据覆盖面最广的省份是贵州，其次是浙江、广东、河北等省份；城市开放的包容性数据覆盖最广的是德州、日照、青岛、济南、临沂、济宁、东营等城市。

表 18　全国范围内部分地方政府开放的包容性数据集

人群	数据集名称
残疾人	残障人员统计、工伤等级发放、康复救助
	残疾人家庭无障碍改造、救助鉴定机构、康复机构、无障碍工程、社区、图书馆、辅助器等设施
	护理补助、生活补贴
老年人	高龄老人统计、住院看病、健康体检、失能评估信息
	健康服务、照料中心、养老机构、养老设备、老年食堂
	城乡低保/困难老人津贴补贴、养老补助、高龄补贴
妇女儿童	救助机构、妇幼保健院、幼儿园、妇女两癌免费检查定点单位
	留守妇女、随迁子女、困难儿童统计；病残儿医学鉴定/康复救助、儿童健康管理
	妇女儿童康复服务、维权来访信息、救助信息、补贴/生活费发放、教育资助等
困难人员	贫困户、贫困人口、特困人员、低保人员与补贴救助信息
港澳台胞	港澳商务备案、港澳台办件登记、旅游交流合作
	台港澳企业信息

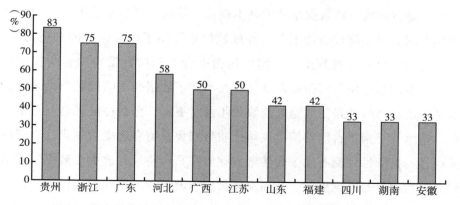

图 17　代表性省份省（自治区）本级开放的包容性数据集覆盖比例

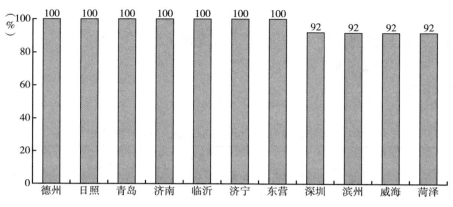

图18　代表性城市开放的包容性数据集覆盖比例

四　数据质量

数据质量评测的是各地数据开放与运营平台上六大重点数据领域（企业注册登记、交通、气象、卫生、教育、社会民生）内开放与运营的数据集在可获取性、可用性、可理解性、完整性、及时性与持续性方面的质量高低。可获取性主要评测用户能够有效获取平台已开放数据的程度。可用性是指用户获取的平台开放数据能够满足机器可读可用，可用性评测有助于统一地方政府开放数据格式的基本规范，从而保证数据能够满足基本的利用要求。可理解性是指平台上开放数据集提供了内容详细的描述说明，且标题和内容容易被理解。完整性是指平台上开放数据集内容的完整程度，主要通过使用负面指标发现与评测不利于数据利用的问题数据来评测质量问题。及时性是指数据集能够每年及时更新，包括存量更新与总量增长。持续性是指平台能够持续供给优质数据集并留存历史数据集。数据的及时性与持续性评测有助于促使地方政府在平台持续开放更多数据集并对已开放数据进行稳定更新，从而保障数据能够源源不断向社会供给，保障数据价值的持续释放。

数据质量评测的最终目的是促进平台持续开放与运营高质量数据，降低问题数据的比例，保障公共数据供给的质量与可持续，高质量的公共数据供给有利于释放数据的价值，赋能数字经济与数字社会的发展。

（一）可获取性

可获取性是指用户能够有效获取平台已开放数据的程度，包括无效数据、限制型 API 与 API 开放性 3 个指标。影响平台数据可获取性的问题主要是无效数据与限制型 API，属于负向指标，存在此类问题的数据在各地公共数据开放平台上占比很低，因此本报告主要以案例形式列举。

无效数据是指在无条件开放数据集中，出现包含但不限于平台未提供可获取的数据文件、文件无法打开或打开后无内容、重复数据、生硬格式转化的数据等情况。生硬格式转化是指平台将非结构化的 DOC、PDF 等文件生硬地转化成 XLS、CSV、XML 等可机读格式。如图 19 所示，该数据集是将

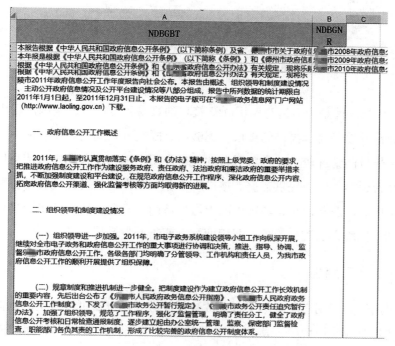

图 19 某公共数据开放平台上生硬格式转化数据集内容

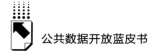

DOC 格式的文本数据放入 XLS 格式的文件中，实际上语料文档是非结构化数据，具有利用价值，但不应当以此类格式开放，属于生硬格式转化的问题数据。

限制型 API 是指平台对于无条件开放的、数据容量较小、更新频率低的数据集仅提供通过 API 接口获取一种方式，而未提供下载获取的方式。如图 20 所示，该数据集属于无条件开放的数据，数据容量小，更新频率低，但在平台上仅提供接口调用，不提供下载获取的方式，属于限制型 API。

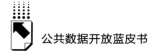

图 20　某公共数据开放平台上限制型 API

API 开放性是指申请与调用 API 接口的难易程度。目前全国范围内各地公共数据开放平台上提供的接口，能够满足既能有效调用数据、使用流程复杂度又较低的情况较少，多数平台的接口在用户填写复杂的申请信息后无法按照平台说明的方法提供数据，接口中不存在数据的情况比比皆是。总体来说省份中的广东与山东，城市中的上海、济南、青岛、深圳的平台接口开放性较高，使用方法流程简单，调用便捷，便于开发利用。

（二）可用性

可用性是指用户获取的平台开放数据能够满足机器可读可用。数据开放的格式规范应当以统一、满足基本开放要求、符合开发利用的标准进行开放，可用性包含可机读格式、非专属格式与 RDF 格式 3 个指标。

开放的数据集应以可机读格式开放，可机读格式是指数据的格式应当能被计算机自动读取与处理，如 XLS、CSV、JSON、XML 等格式。截至 2023 年 9 月，代表性省份省（自治区）本级部门开放数据可机读格式比例如图 21 所示，浙江、山东、福建、贵州等 8 个省份省（自治区）本级开放数据全部符合可机读格式标准，其次是广西、江苏等省份，少部分省级平台开放数据的可机读格式比例较低。在城市中，全国范围内约 83% 的在评城市开放的所有数据集都符合可机读格式标准，可见全国大多数地方能达到开放数据格式的基本标准规范。

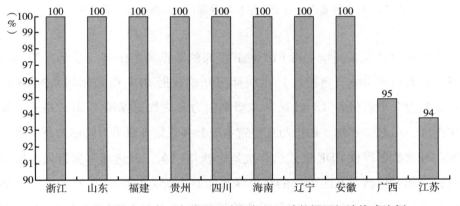

图 21　代表性省份省（自治区）本级部门开放数据可机读格式比例

非专属格式是指可下载数据集应以开放的、非专属的格式提供，任何数据提供主体不得在格式上排除他人使用数据的权利，以确保数据无须通过某个特定（特别是收费的）软件或应用程序才能访问，如 CSV、JSON、XML 等格式。截至 2023 年 9 月，代表性省份省（自治区）本级部门开放数据非专属格式比例如图 22 所示，浙江、山东、福建、四川、海南、辽宁省（自治区）本级部门能为所有开放数据提供非专属格式，贵州、广西与河北也能够为多数数据提供非专属格式。城市达标率更高，约 63% 的在评城市能够将所有开放数据以非专属格式开放，同时仍有 13% 的在评城市的开放数据集的非专属格式覆盖率为 0。

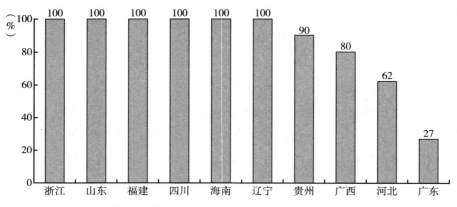

图22 代表性省份省（自治区）本级部门开放数据非专属格式比例

RDF格式比例是指采用RDF格式发布的数据集的比例。截至2023年9月，代表性省份省（自治区）本级部门开放数据RDF格式比例如图23所示，只有7个省份省（自治区）本级部门为开放数据提供了RDF格式，其中浙江、山东、福建、四川与辽宁省本级公共数据开放平台能够为所有省直部门开放数据提供RDF格式，其次是广西与广东，但达标率都较低。城市达标率相对较高，有约36%的在评城市能够为所有数据提供RDF格式，但同样有超过30%的在评城市的开放数据集的RDF格式覆盖率为0。全国范围内数据以RDF格式开放存在明显短板。

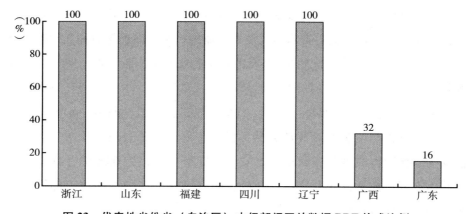

图23 代表性省份省（自治区）本级部门开放数据RDF格式比例

（三）可理解性

可理解性是指平台上开放数据集对于用户的可理解程度较高，包括描述说明、数据集标题与内容可理解性 2 个指标。描述说明评测数据集的元数据丰富性与规范程度，包括基本元数据覆盖、API 描述规范、数据字典、授权运营数据透明度与数据项一致性 5 个指标。数据集标题与内容可理解性评测开放数据集的名称与数据集打开后的内容是否可理解，包括标题不清或过于复杂、内容不可理解 2 个指标。

基本元数据覆盖率是指地方为开放数据对 12 个基本元数据的提供情况。12 个基本元数据包括数据名称、提供方、数据主题、发布日期、数据格式、更新日期、数据摘要、开放属性、关键字、更新周期、数据项信息、数据容量。截至 2023 年 9 月，全国基本元数据覆盖率普遍较高。省域中山东、浙江、四川、广东等省份提供的元数据字段最为丰富。如图 24 所示，浙江省

首页 » 数据集 » 浙江省电网销售电价信息

浙江省电网销售电价信息　收藏　订阅　纠错

摘　要:	主要包括浙江省电网销售电价的历年数据和标准		
资源代码:	30701600003019/248		
标　签:	电网、浙江省、信息、销售、电价	更新周期:	不更新
资源格式:	电子表格-xls	数源单位:	省发展改革委
数源单位地址:	浙江省政府1号楼	联系方式:	0571-87052748
数据领域:	资源能源	访问/下载次数:	12596/3008
系统名称:	无	评分/评价次数:	0/0
行业分类:	暂无	数据预览:	预览　可视化
数据分级:	登录开放	数据接口:	API
开放条件:	暂无	数据范围:	全省
更新日期:	2019-07-08	发布日期:	2019-01-29
数据量:	315	数据图谱:	
数据下载:	XLS　CSV　XML　JSON　RDF		
历史数据下载:	XLS　CSV　XML　JSON　RDF		
更新说明:	暂无新业务数据产生		

数据项　关联信息　相关数据　相关应用

字段名称	英文名称	数据类型	字段描述	字段长度	是否字典项	是否为空	是否主键
备注	REMARK	VARCHAR		3000	否	是	否
低谷电价	DGPRICE	DOUBLE		0	否	是	否
用电主分类	TYPE_MAIN	VARCHAR		100	否	是	否
高峰电价	GFPRICE	DOUBLE		0	否	是	否
最大需量	ZDXLVOLUME	DOUBLE	最大需量（元/千瓦·月）	0	否	是	否

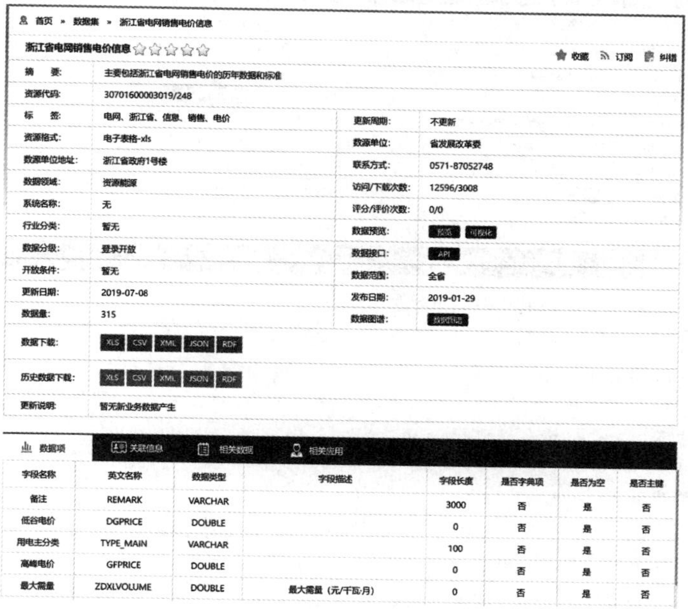

图 24　浙江省平台提供了字段丰富的元数据

资料来源：浙江省人民政府数据开放平台，http：//data. zjzwfw. gov. cn。

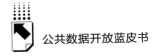
平台提供的元数据项内容较为丰富。约41%的在评城市平台能够提供所有基本元数据项，这些地方能够通过元数据为数据集提供基本的描述说明，这些基本元数据项中，数据容量是当前各地达标率相对较低的一项，但越来越多的地方平台开始提供该元数据项。

API描述规范包括基本调用说明与使用操作指南2种形式。基本调用说明是调用接口的基本说明，包括请求地址、请求参数与返回参数等信息。使用操作指南是详细的API接口使用方法与流程。截至2023年9月，省域中浙江省平台为接口提供了详尽的使用说明（见图25）。城市中上海、杭州、武汉、深圳等地平台为接口提供的描述除了基本调用说明，还对调用指南进行详细说明，如图26所示，上海市平台提供了内容较为详细的接口服务使用手册。

图25　浙江省平台提供的接口描述

资料来源：浙江省人民政府数据开放平台，http://data.zjzwfw.gov.cn。

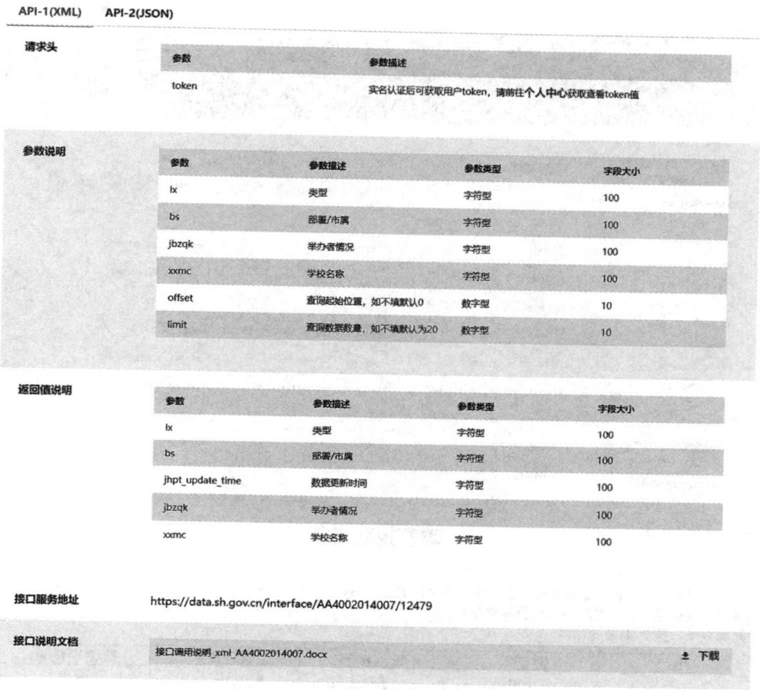

API-1(XML)　API-2(JSON)

请求头

参数	参数描述
token	实名认证后可获取用户token，请前往个人中心获取查看token值

参数说明

参数	参数描述	参数类型	字段大小
lx	类型	字符型	100
bs	部署/市属	字符型	100
jbzqk	举办者情况	字符型	100
xxmc	学校名称	字符型	100
offset	查询起始位置，如不填默认0	数字型	10
limit	查询数据数量，如不填默认为20	数字型	10

返回值说明

参数	参数描述	参数类型	字段大小
lx	类型	字符型	100
bs	部署/市属	字符型	100
jhpt_update_time	数据更新时间	字符型	100
jbzqk	举办者情况	字符型	100
xxmc	学校名称	字符型	100

接口服务地址　https://data.sh.gov.cn/interface/AA4002014007/12479

接口说明文档　接口调用说明_xml_AA4002014007.docx　下载

图 26　上海市平台提供的接口描述

资料来源：上海市公共数据开放平台，https：//data. sh. gov. cn/index. html。

数据字典是指平台对每个数据集提供详细的元数据说明文档，包括数据采集来源、字段描述、数据更新频率等。截至 2023 年 9 月，全国范围内仅有杭州能够为所有开放数据提供标准化的字典服务。如图 27 所示，杭州市平台为每个数据集的字段提供了数据字典，数据字典提供对数据项的基本描述说明。此外，日照与深圳能够为个别数据集提供内容丰富的数据字典。

授权运营数据透明度是指地方授权运营的数据集能够在平台公开提供数据的内容字段信息。截至 2023 年 9 月，全国范围内仅有杭州打通授权运营专区的数据和开放平台上受限开放的数据，如图 28 所示，杭州市平台为运营数据提供了抽样数据下载功能，帮助用户理解数据内容与字段。

数据项一致性是省域评估指标，是指同一个省份范围内各地市开放关键数据集的数据项一致程度。该指标评测要求内容相同的数据集应当以相同的

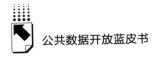

图 27　杭州市平台提供的数据字典

资料来源：杭州市数据开放平台，https：//data.hangzhou.gov.cn。

数据项与颗粒度来开放，便于使用者融合使用各地方的数据。截至 2023 年 9 月，代表性省份关键数据集数据项一致性比例如图 29 所示，其中，山东的关键数据集数据项一致性比例达到 43%；其次是浙江、广东与贵州，省域范围内地市之间关键数据集数据项一致性比例为 30% 以上。总体上省域内各地市开放的相同数据集的数据项一致性程度仍然有较大不足，各地市之间数据开放工作缺乏足够的协同。

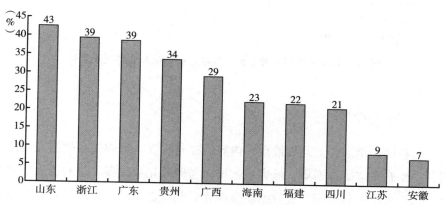

评分 ★ ★ ★ ★ ★

👍评分　❤点击收藏　❗报错　📋点击订阅

摘要	全市公交刷卡信息				
资源代码	qeeQ8/20210414104158944...	更新周期	每日	资源格式	数据库-MySQL
发布部门	杭州市-杭州市民卡管理有限公司	数据源单位地址	杭州市庆春东路2-6号金投大厦...	联系电话	0571-81602842
下载量	0	访问量	288	数据量	900372086
数据领域	交通运输	主题分类	服务业	服务分类	惠民服务
开放等级	受限开放	开放条件	申请人说明数据应用场景、用...	数据范围	本市
目录首次发布时间	2022-07-25 14:42:31	目录更新时间	2022-07-25 15:01:39	数据更新时间	2024-07-03 03:10:02
所属区县	杭州市	评分/评价次数	0	行业分类	公共管理、社会保障和社会组织
数据使用协议	查看	抽样数据下载	下载		
数据格式	API				

数据项　关联信息　相关应用

序号	英文名称	中文名称	字段类型	字段长度	字段精度	是否主键
1	cardno	卡号	C	40	无	✓
2	cardtype	卡类型	N	2	无	✗
3	tradetime	交易日期	D	19	无	✗
4	carno	车号	N	8	无	✗

图 28　杭州市平台为运营数据提供的抽样数据下载

资料来源：杭州市数据开放平台，https：//data.hangzhou.gov.cn。

图 29　代表性省份关键数据集数据项一致性比例
（山东 43、浙江 39、广东 39、贵州 34、广西 29、海南 23、福建 22、四川 21、江苏 9、安徽 7）

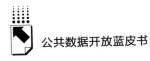

导致各地开放数据可理解性不足的问题包括标题不清或过于复杂、内容不可理解两类。标题不清或过于复杂是指数据集名称表述不够清晰或文字过长或过于复杂。图30是某公共数据开放平台开放的数据集，其标题名称过于复杂，可读性低，难以理解，或数据的简介和标题完全相同，未起到解释说明的作用。内容不可理解是指公共数据开放平台开放的数据集的条目与数据项无法被用户理解。图31是某公共数据开放平台开放的内容不可理解数据，大量的不同符号混在一起，无法识别含义，用户无法理解数据，更无法使用。某公共数据开放平台开放的无表头、内容不可理解数据如图32所示，用户无法获知数据的颗粒度与属性。

<图表>
对水路运输经营者未经国务院交通运输主管部门许可或者超越许可范围使用外国籍船舶经营水路运输业务，或者外国的企业、其他经济组织和个人经营或者租用中国籍船舶或者舱位等方式变相经营水路运输业务的违法情形的行政处罚

分享 收藏 纠错

普遍开放 交通运输、仓储和邮政业 交通运输
数据量: 0   查阅人次: 54   下载次数: 0

如需提供API服务, 可至【评价反馈】提交申请

基本信息 信息项（18） 数据预览 评价反馈

目录名称：	对水路运输经营者未经国务院交通运输主管部门许可或者超越许可范围使用外国籍船舶经营水路运输业务，或者外国的企业、其他经济组织和个人经营或者租用中国籍船舶或者舱位等方式变相经营水路运输业务的违法情形的行政处罚	开放类型：	普遍开放
数据来源：	市港口局	联系方式：	xmdata@xm.gov.cn
主题领域：	交通运输		
行业分类：	交通运输、仓储和邮政业		
简介：	对水路运输经营者未经国务院交通运输主管部门许可或者超越许可范围使用外国籍船舶经营水路运输业务，或者外国的企业、其他经济组织和个人经营或者租用中国籍船舶或者舱位等方式变相经营水路运输业务的违法情形的行政处罚		
更新频率：	不定期	数据格式：	DB
发布时间：	2019-03-07 00:00:00	更新时间：	2022-12-14 11:50:00

图30 某公共数据开放平台开放的数据集标题名称过于复杂

（四）完整性

完整性是指平台上开放数据集内容的完整程度。影响平台数据完整性的问题主要有高空缺数据集、低容量数据集与碎片化数据集。这些负面质量问题是基于本报告对全国开放数据质量测评后归纳总结的出现情况较为普遍且不利于用户使用的主要问题。同时对于绝大多数地方，平台开放的数据集中只有个别数据存在完整性问题。

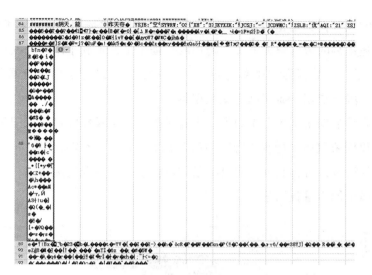

图 31 某公共数据开放平台开放的内容不可理解数据

	A	B	C	D	E	F
1	1.301E+11	1	11	00:00.0	241.988	
2	1.301E+11	1	11	00:00.0	248.383	
3	1.301E+11	1	11	00:00.0	257.143	
4	1.301E+11	1	11	00:00.0	281.32	
5	1.301E+11	1	11	00:00.0	262.592	
6	1.301E+11	1	11	00:00.0	278.757	
7	1.301E+11	1	11	00:00.0	271.628	
8	1.301E+11	1	11	00:00.0	274.605	
9	1.301E+11	1	11	00:00.0	269.122	
10	1.301E+11	1	11	00:00.0	265.711	
11	1.301E+11	1	11	00:00.0	240.638	
12	1.301E+11	1	11	00:00.0	234.635	
13	1.301E+11	1	11	00:00.0	230.763	
14	1.301E+11	1	11	00:00.0	231.723	
15	1.301E+11	1	11	00:00.0	204.833	
16	1.301E+11	1	11	00:00.0	217.854	
17	1.301E+11	1	11	00:00.0	204.939	
18	1.301E+11	1	11	00:00.0	212.797	
19	1.301E+11	1	11	00:00.0	211.147	
20	1.301E+11	1	11	00:00.0	223.325	
21	1.301E+11	1	11	00:00.0	251.707	
22	1.301E+11	1	11	00:00.0	250.694	
23	1.301E+11	1	11	00:00.0	225.503	
24	1.301E+11	1	11	00:00.0	234.355	
25	1.301E+11	1	11	00:00.0	244.781	
26	1.301E+11	1	11	00:00.0	291.72	
27	1.301E+11	1	11	00:00.0	265.715	

图 32 某公共数据开放平台开放的无表头、内容不可理解数据

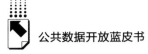

高空缺数据集是指数据集中有40%以上的空缺数据，此类数据集的空缺率远超正常的数据缺失情况，能用的数据不多，不利于用户开发利用。如图33所示，该数据集空缺率达到76%，大多数记录为空白（无数据），只有个别字段有数据，属于高空缺数据集。

低容量数据集是指不是数据量本身稀少，而是颗粒度过大或记录过少等造成的数据条数在3行或3行以内的数据集。图34是某公共数据开放平台上开放的行政许可类数据，只有1条许可信息，远少于实际情况，存在质量问题，属于低容量数据集。

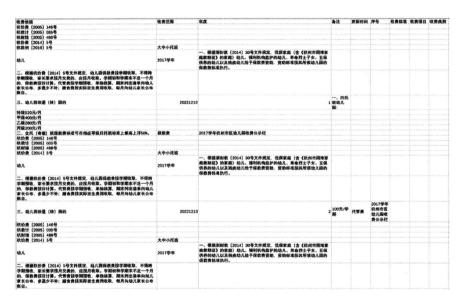

图33　某公共数据开放平台上的高空缺数据集

图34　某公共数据开放平台上的低容量数据集

碎片化数据集是指按照时间、行政区划、政府部门、批次等被人为分割的数据集。图 35 是某公共数据开放平台的碎片化数据集，地方医院基本信息未在市级部门开放完整的数据，而是通过各区县分别开放，该数据集按照行政区划来拆分，存在碎片化质量问题，不利于用户获得全市范围的完整数据。

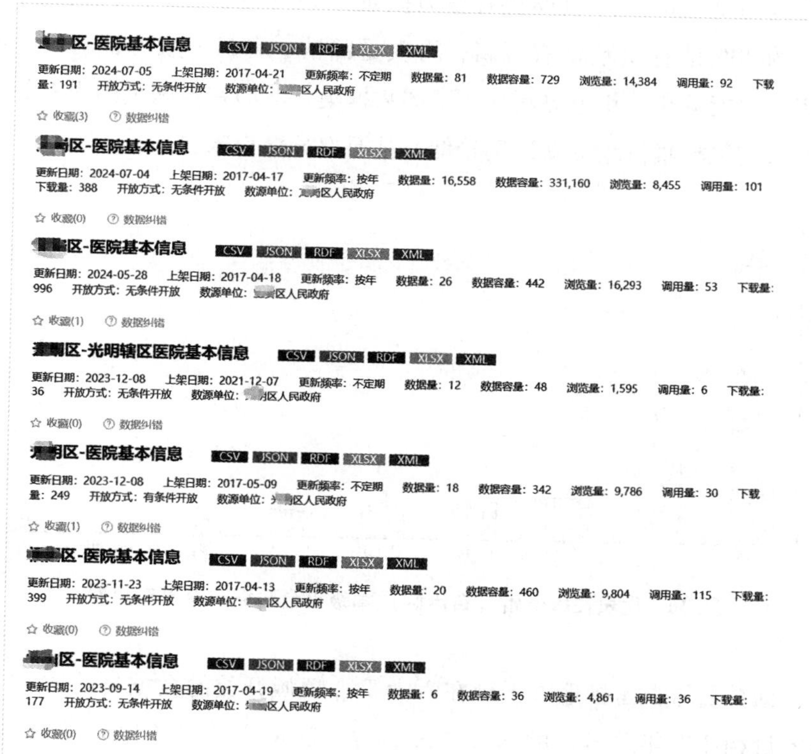

图 35　某公共数据开放平台上碎片化数据集

（五）及时性

及时性是指地方平台在六大重点领域开放的数据集能够在 2023 年度及时更新，指标包括存量更新与总量增长，均基于数据集容量增长情况来评测。

存量更新是指地方平台于 2022 年开放的数据集中，2023 年发生容量增长的数据集数量占比情况。截至 2023 年 9 月，代表性省份省（自治区）省本级数据存量更新比例如图 36 所示，福建省本级平台数据存量更新比例最高，超过半数的数据在一年内有更新，其次是浙江、山东、广东、广西、四川、海南、江西、贵州等省份，剩余省份未能对数据进行持续更新，数据更新总体不足。截至 2023 年 9 月，代表性城市平台数据存量更新比例如图 37 所示，最高的是广州，近 100%的存量数据在 2023 年度有更新；其次是深圳与烟台，约 70%的存量数据有更新；再次是淄博、青岛、威海、湖州、德州等城市，也能够在一年中更新约一半的数据集。然而在全国范围内多数城市对已开放的数据集持续更新比例较低，甚至部分城市未更新。

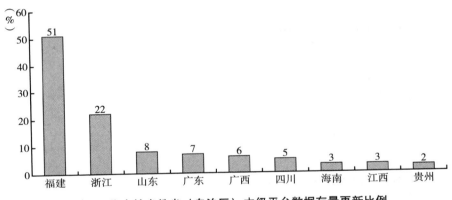

图 36　代表性省份省（自治区）本级平台数据存量更新比例

　　数据总量增长是指地方平台在六大重点领域开放的数据集的 2023 年数据总容量相比上年总容量的增长情况。省域数据容量增长比例最高的是江西，达到 285%；其次是辽宁、贵州与浙江等省份。从数据容量增长的数值来看，增长数值最高的是山东，总容量增长了 2237 万；其次是浙江，增长值为 1524 万，两地远超全国其他省域。在城市方面，数据容量增长比例最高的是东营，增长超 2000 倍；其次是深圳，增长了 70 倍；再次是无锡、威海与台州等城市。从数据容量增长的数值来看，增长数值最高的是德州，总容量增长了 124 亿；其次是东营，增长了 107 亿，两地大幅领先全国其他城市。但全国范围内仍有不少城市数据总容量下降，个别城市总容量下降幅度超 90%。

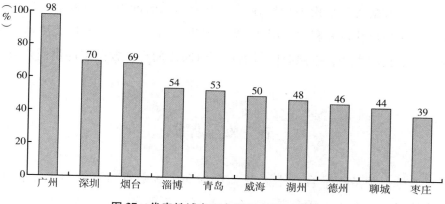

图37 代表性城市平台数据存量更新比例

（六）持续性

持续性是指平台能够持续供给优质数据集并留存历史数据集，包括历史数据留存与优质数据持续供给2个指标。数据开放不是一蹴而就的工作，而是需要长期持续开放与运维。

图38 德州市平台对开放数据持续更新并留存历史数据

资料来源：德州公共数据开放网，http://dzdata.sd.gov.cn/dezhou/index。

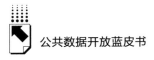
历史数据留存是指平台留存了历史上不同时间发布的多个批次的数据，使用户可获取和利用。图 38 是德州市平台对开放数据持续更新并留存历史数据的做法，按照时间提供不同时间段的历史数据文件供用户查找与下载。

五　安全保护

安全保护是指平台对个人隐私数据和失效数据应当进行安全保护。个人隐私包括个人生活安宁权、个人生活情报保密权、个人通信保密权；同时有些数据在法律层面具有时效性，个人隐私和超出法律有效期的数据不应当开放。安全保护主要包含个人隐私数据保护与失效数据撤回两个指标。

（一）个人隐私数据保护

个人隐私数据泄露是指公共数据开放平台开放的数据内容涉及未经脱敏的个人隐私数据，如个人电话、详细住址、完整身份证、社保缴纳金额等信息。例如，某地方公共数据开放平台开放的"城市社区居民基本信息登记表"，包含了完整的个人姓名、出生日期与联系方式，属于个人隐私数据被开放，此类数据项不应当未做脱敏处理直接开放。整体来说，各省份和城市地方政府都很重视开放数据安全保护，极少出现个人隐私数据泄露问题。

（二）失效数据未撤回

失效数据未撤回主要评测失信被执行人数据是否在法律有效期内，如超过有效期应当予以撤回。依据《最高人民法院关于公布失信被执行人名单信息的若干规定》失信被执行人不良信息应当在 5 年内被删除，也就是失信人法律有效期最长为 5 年。该指标以此为依据评测各地公共数据开放平台开放的失信被执行人数据，若发现此类开放数据的发布时间超过 5 年，那么此类失信人应当不予开放，及时撤回才能保护失信人的法律权益。例如，某地方公共数据开放平台开放的失信人数据，发布时间为 2015 年，距 2023 年已经超过了 5 年有效期，此类失信人不应开放，平台应及时撤回。截至 2023 年 9 月，全国 19% 的省级公共数据开放平台以及 34% 的在评城市公共数据开放平台出现未及时撤回的失效数据，平台仍需加强对此类数据的安全保护。

六　建议

在数据数量方面，建议各地持续开放更多有效数据集，重点扩大数据容量，尤其应注重扩大单个数据集的容量。建议重点开放社会需求高、数据容量大的数据集，为更新频率较高的数据集提供便捷使用的 API 接口。

在开放范围方面，建议增加开放数据集的主题和部门多样性，将公共数据开放的范围拓展到国企、事业单位、民企私企与社会组织等地方非政府部门。建议参考基础性数据集清单，开放各地已经普遍开放的数据，同时开放更多高需求、服务弱势群体的包容性数据。

在数据质量方面，建议从可获取性、可用性、可理解性、完整性等质量评测指标全面提升开放数据的质量水平，以数据字典的形式进行详细描述说明，保障开放数据集能够及时更新与持续供给。建议省（自治区）本级政府部门整合省份内各城市内容相同或相近的数据集进行统一开放。

在安全保护方面，开放数据应当有效保护个人隐私，防止个人隐私数据泄露，对于法律上已失效的数据应当及时撤回，保护数据涉及的用户权益。

B.6
公共数据开放利用层报告（2024）

侯铖铖　鞠逸飞*

摘　要：　数据利用是公共数据开放的成效展现环节。中国公共数据开放评估中利用层的指标体系包括利用促进、利用多样性、成果数量、成果质量、成果价值5个一级指标。其中，省域评估指标体系更关注省级统筹与省市协同，而城市评估指标体系更强调成果产出与价值释放。根据该指标体系，本报告通过网络检索、数据开放平台采集、观察员体验等方式获得研究数据，对各地方数据开放利用现状进行评估，并对各指标的优秀案例进行推介。总体上看，多数地方陆续开展了多种类型的利用促进活动，在成果数量、成果质量方面取得较大进步，但在利用多样性与多元价值释放方面仍需进一步提升。

关键词：　公共数据　数据开放　授权运营　数据利用　成果产出　价值释放

利用层是"数果"，是数据开放的产出与成效，旨在营造公共数据利用生态，促进公共数据开放后的社会化利用，释放开放数据蕴含的价值。具体而言，利用层主要从利用促进、利用多样性、成果数量、成果质量、成果价值5个维度进行评估。

＊　侯铖铖，复旦大学国际关系与公共事务学院博士研究生，数字与移动治理实验室研究助理，研究方向为公共数据利用、政府数字化转型与数字治理；鞠逸飞，复旦大学国际关系与公共事务学院博士研究生，数字与移动治理实验室研究助理，研究方向为数字治理与公共数据开放利用。

一　指标体系

利用层主要从 3 个方面进行评估，一是评测利用促进活动，关注地方政府在促进社会主体利用开放数据方面所发挥的作用；二是评测利用成果，聚焦各地开放数据利用的成果产出；三是评测价值释放，着眼于各地开放数据利用的最终成效。利用层的指标体系从省域与城市两个层面设计，如表 1 所示。与往期的指标体系相比，利用层加入了对公共数据授权运营成果和研究成果产出的评估，并根据各地在之前评估中各项指标的得分表现，相应地调整了指标权重。

相较而言，省域指标重视发挥省级政府对省（自治区）内下辖地市的统筹、规范和协调作用，例如评估关注开放数据利用比赛的省市协同性，以及在省域指标中评测下辖地市的成果产出等。城市指标更侧重于数据利用的具体成果，例如指标聚焦各城市产出有效成果的数量与质量，以及开放数据的价值释放现状。同时，城市指标还涉及省级和城市、城市和城市之间在数据开放利用上的联动性与协同性，例如指标会对跨城市的开放数据创新大赛进行加分等。

根据该指标体系，本报告通过网络检索、数据开放平台采集、观察员体验等方式获得研究数据，对各地方数据开放的利用现状进行评估，并对各指标的优秀案例进行推介。

表 1　省域、城市利用层评估指标体系及权重

单位：%

一级指标	二级指标	省域评估权重	城市评估权重
利用促进	创新大赛	1.50	1.50
	引导赋能活动	0.50	0.50
利用多样性	成果形式多样性	0.50	0.50
	成果主题多样性	0.50	0.50

一级指标	二级指标	省域评估权重	城市评估权重
成果数量	有效服务应用数量	2.00(含地市)	2.00
	研究成果数量	0.75(含地市)	0.75
	其他形式有效成果数量	0.50(含地市)	0.50
	授权运营成果数量	0.25(含地市)	0.25
	成果有效率	1.00	1.00
成果质量	成果有效性	2.00	2.00
	服务应用质量	1.50	1.50
	创新方案质量及落地性	1.00	1.00
成果价值	数字政府	0.70	0.70
	数字经济	1.20	1.20
	数字社会	1.10	1.10

二 利用促进

利用促进是指地方政府为了推动开放数据的社会化利用而组织的各类活动。公共数据的社会化利用需要"供得出""流得动""用得好","用得好"的前提是"供得出"和"流得动"。对于政府部门来说,一种误解是公共数据只要开放出来就"大功告成",价值可以自动释放,收益能够自行产生。然而现实中,公共数据的收益无法自动实现,因为数据即便"供得出"也未必"流得动"。公共数据的高效流动面临信息不完全、价值不适配和成本不可控的三重阻碍,地方政府的利用促进活动应该致力于削减甚至克服这些阻碍。

一是信息不完全,公共数据的供需双方都缺乏对方的信息。在公共数据流动中,因为公众和企业缺乏对公共数据供给渠道的了解,同时难以理解公共数据的含义,数据利用的参与度不高,需要政府宣传推广。与此同时,政府部门也难以知晓数据利用方的真实需求,时常陷入"提供的数据没需求,有需求的数据没提供"的困境。

二是价值不适配,部门出于行政需要采集和治理的数据难以适配数据利用方的需求。一方面，政府部门的数据可能存在质量问题，在数据的完整性、真实性、时效性等方面有缺陷，无法支撑社会主体开发利用成果。另一方面，更为重要的是政府部门的数据可能无法满足社会利用的需求，在数据的采集字段、颗粒度、更新频率等方面跟不上社会和市场应用的要求。

三是成本不可控，政府部门与利用方的需求对接需要消耗大量的交易成本。因为需求反馈机制不完善，数据利用方为了获得满足自身需求的公共数据，可能需要与数据主管部门和数源部门进行反复沟通和协商，投入大量人力、物力。数据主管部门为了协调相应数据，通常也需要和数源部门进行多轮磋商，承担较高的行政成本。公共数据流动面临"成本不可控"的阻碍，难以精准、高效地达成。

公共数据生态体系离不开政府的扶持和培育。为了让公共数据"流得动"，需要宣介推广供给渠道，为数据价值"牵线搭桥"，同时加以削减流通成本。当前在我国地方政府推动开放数据利用的实践中，举办综合性的开放数据创新利用大赛是最为常见的利用促进类型。截至 2023 年10 月，在已经上线数据开放平台的 27 个省份中，超过三成在两年之内举办过开放数据创新利用大赛；有 8 个省份连续组织开放数据创新利用大赛，形成了赛事品牌。在地市层面，两年之内举办或参与过赛事的城市的比例也超过一半。

除了开放数据创新利用大赛之外，各地也组织了一些其他更为条线化、专业化的引导赋能活动，例如行业性小赛、授权运营场景征集、供需对接交流会、数据能力培训会等。通过各类利用促进活动，地方政府能够帮助各类社会主体理解数据开放的价值，降低数据流通的成本，提升数据利用的能力，实现利用成果的落地转化，从而产出更多有用、能用、好用的利用成果，释放公共数据的价值。

（一）创新大赛

各地政府为了促进开放数据利用，连续举办了各种类型的开放数据创新利用大赛。通过设置奖项奖励与提供落地孵化支持，赛事能够吸引企业、高校、科研院所等不同类型的社会主体积极参与，促进开放数据的社会利用。

在省域赛事中，浙江省、山东省、四川省的开放数据创新利用比赛采用了省级主办、地市作为分赛区参与的模式。例如，浙江2023"之江杯"数据治理与创新利用大赛采用了省市分赛区联动模式，浙江省各个地市作为赛事的协办单位参与大赛的组织，如图1所示。"省级主办—地市分赛区"的赛事组织模式能够增强省域的数据利用促进协同，通过省级向地市赋能，提高赛事的系统性、规范性与影响力。

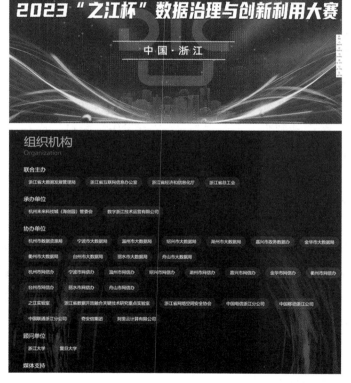

图1　2023"之江杯"数据治理与创新利用大赛采用省市分赛区联动模式

资料来源：2023"之江杯"数据治理与创新利用大赛，https://odic.zjzwfw.gov.cn。

在浙江省级赛区下，设置了杭州、丽水、温州、宁波等多个市级赛区，地市的数据开放大赛作为省级决赛的预选赛，为省级大赛输送优秀作品。例如，2023丽水"天翼杯"数据创新利用与数据治理大赛正是浙江省级赛事的分赛，在赛道赛题设置上与省级赛事保持一致，如图2所示。

图2 2023丽水"天翼杯"数据创新利用与数据治理大赛作为分赛

资料来源：2023丽水"天翼杯"数据创新利用与数据治理大赛，https：//data. lishui. gov. cn/jdop_front/lscxds_2023. html。

在城市赛事中，不同规模的城市适宜采取不同类型的赛事组织模式。直辖市、副省级城市及其他具有相应人口规模、行政层级、经济实力与数据治理能力的城市，可以独立举办开放数据创新利用大赛。而一些规模较小的城市可以参与省级主办或其他城市举办的开放数据创新利用比赛，以获得最佳收益—成本比。例如，北京、上海、深圳、成都、武汉、苏州等城市独立举办了开放数据创新利用大赛，浙江杭州、四川遂宁、山东德州等城市参与了省级组织的开放数据创新利用大赛。

当前，区域协同发展成为政策指导方向，部分城市在举办开放数据创新利用大赛时也开始推进跨域的赛事协同，多个城市共同组织赛事，推动数据的跨城流动与应用的跨城覆盖。例如，上海市组织了"沪港合作开放数据竞赛 2023"，吸引上海、香港两地上百支科创团队参赛，让开放数据大赛逐渐"破圈"联动，如图 3 所示。

图 3　上海"沪港合作开放数据竞赛 2023"

资料来源：上海首届沪港合作开放数据竞赛，https：//www.hkshadata.org。

此外，为了扩大比赛的参与面，让高校学生和社会公众也能成为"数据玩家"，加入开放数据创新利用大赛，各地也在积极探索设置低门槛赛道，降低参赛作品的要求。参赛团队可以提供利用开放数据的应用设计方案，而无须真正完成应用开发。这样，应用开发能力较弱、资金体量不足的小微数据利用者也能参加比赛，贡献设计方案和思路。例如，山东省第五届数据应用创新创业大赛设置了多条赛道，其中"数据赋能高校创业赛道"为高校学生提供了门槛较低的参赛通道，以扩大比赛的参与面，如图 4 所示。

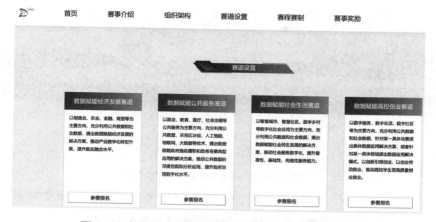

图 4　山东省第五届数据应用创新创业大赛赛道设置

资料来源：山东省第五届数据应用创新创业大赛，https：//shandong-pc.modelcastle.com/cmpt/home.html。

（二）引导赋能活动

引导赋能活动是指政府开展除综合性开放数据应用创新大赛以外的各种常态化、条线化、专业化的数据利用促进活动。例如，各地政府开展公共数据授权运营场景征集，举办数据供需对接交流会，组建数据利用创新实验室，组织专业领域的数据开放小赛，进行开放数据利用场景与成果的试点等。通过组织各类引导赋能活动，政府可以为数据供需牵线，提升行业数据利用能力，扩大数据开放的影响力，促进数据利用的成果产出与价值释放。

浙江的杭州、宁波、嘉兴等城市积极推动公共数据授权运营，征集授权运营主体和应用场景。例如，杭州在 2023 年 9 月 28 日公开征集首批公共数据授权运营主体，提供金融、医疗健康和交通运输领域非禁止开放的公共数据给授权运营主体使用，如图 5 所示。

浙江、山东、四川等地设置了常态化的数据需求反馈机制，收集社会公众的数据开放诉求，推动公共数据"按需开放"。例如，浙江省人民政府数据开放平台在"互动交流"板块设置了"数据需求"栏目，收集利用者的数据需求和反馈，如图 6 所示。

图 5　杭州市关于首批领域征集公共数据授权运营主体的通告

资料来源：杭州市人民政府网站，https：//www. hangzhou. gov. cn/art/2023/9/28/art_122906
3429_4209896. html。

图 6　浙江省人民政府数据开放平台"数据需求"栏目

资料来源：浙江省人民政府数据开放平台，https：//data. zjzwfw. gov. cn。

为了推动特定领域的公共数据利用，山东探索建设山东省数据开放创新应用实验室，如图 7 所示。该实验室依托山东省内具有较强研究能力的企事业单位、社会组织单独或联合组建，开展相关领域数据开放技术研究和创新应用实践，探索公共数据开放应用的新技术和新模式，研究解决数据开放创新应用各环节存在的难点、堵点问题。

图 7　山东省数据开放创新应用实验室

资料来源：山东公共数据开放网，https://data.sd.gov.cn/portal/laboratory。

上海、北京等多个城市还举办了专业领域的数据开放小赛。例如，上海市自 2016 年起，已成功举办 8 届上海图书馆开放数据竞赛，上海图书馆第八届开放数据竞赛如图 8 所示。该比赛与上海开放数据创新应用大赛合作，获奖团队作品可以直通上海开放数据创新应用大赛复赛。上海图书馆基于自身特色，为参赛者提供历史人文数据，推动专项数据的创新利用，征集了较多优秀作品和创意。

北京市在医疗保险领域举办了北京数智医保创新竞赛，设置"医保基金监督管理"和"医保宏观决策支持"两个赛题，如图 9 所示。"医保基金监督管理"赛题要求参赛方分析医保数据，梳理潜在的保险欺诈问题；"医保宏观决策支持"赛题要求参赛方利用医保数据，在医疗费用支出、基金收支等方向设计提高医保宏观决策质量的方案。

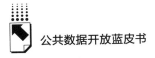

图8　上海图书馆第八届开放数据竞赛

资料来源：上海图书馆开放数据竞赛，https：//opendata. library. sh. cn。

图9　北京数智医保创新竞赛

资料来源：北京市公共数据开放平台，https：//data. beijing. gov. cn。

三　利用多样性

政府数据开放的成效最终体现在数据利用与成果产出上，只有社会利用开放数据产出了各种成果，才能真正释放公共数据所蕴含的价值。利用多样性针对成果形式多样性和成果主题多样性进行评测。

（一）成果形式多样性

成果形式多样性是指各地政府平台上展示的有效利用成果的利用形式的多样性，包含服务应用、数据可视化、研究成果和创新方案等多种类型。多种形式的成果产出有利于释放开放数据在赋能经济新业态、改善社会生活、提升公共服务水平、助力科学研究、优化公共治理等多个领域的利用价值。

当前，我国政府开放数据的利用成果以服务应用与创新方案为主，研究成果等其他类型的利用成果数量仍较少。在省域中，浙江、山东的成果形式多样性最为丰富，涵盖了多种成果形式，如图 10、图 11 所示。

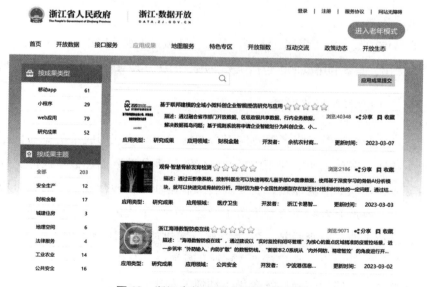

图 10　浙江省的利用成果形式多样性

资料来源：浙江省人民政府数据开放平台，https：//data.zjzwfw.gov.cn。

图 11　山东省的利用成果形式多样性

资料来源：山东公共数据开放网，https：//data.sd.gov.cn/portal/index。

在城市中，上海、深圳、济南、青岛、日照、成都等城市的成果形式多样性最为突出，有效利用成果也包括服务应用、创新方案与研究成果等多种类型。

（二）成果主题多样性

成果主题多样性是指各地政府平台上展示的有效利用成果覆盖的行业主题的多样性。多项主题的利用成果产出能够发挥公共数据在数字经济、数字社会等多个领域的赋能作用，也反映公共数据利用在各行业领域的相对均衡性。当前，各地有效利用成果覆盖了交通出行、卫生健康、财税金融、文化休闲、经贸工商、教育科技、农业农村、城建住房、社会民生、资源环境、信用服务、公共安全、社保就业 13 个主题领域。其中，交通出行、卫生健康、财税金融、经贸工商、社会民生领域的利用成果较丰富。

在省域中，浙江、贵州的成果主题多样性最丰富。贵州的公共数据开放平台展示的有效利用成果覆盖了交通出行、卫生健康、资源环境、经贸工商等主题。

在城市中，上海的成果主题多样性比较突出，覆盖财税金融、经贸工商、交通出行、信用服务、卫生健康、教育科技、文化休闲等不同主题，如图 12 所示。

图 12 上海市的成果主题多样性

资料来源：上海市公共数据开放平台，https：//data.sh.gov.cn。

四 成果数量

成果数量考察社会利用各地政府开放数据产出的有效成果的数量与在公共数据开放平台上展示的全部成果中的占比。有效成果剔除了政府自身开发成果、不可用成果、未标注所用数据的成果、过于简单的成果等，包括服务应用、创新方案、数据可视化、研究成果4种类型。考虑到省级政府与所属地市政府的分工与省级向地市的赋能作用，在对省域成果数量的评测中，除了省（自治区）本级产出的有效成果外，利用层将省域所属城市的有效成果也计入省域得分中。

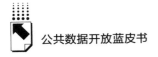

（一）有效服务应用数量

与 2022 年同期相比，2023 年我国政府开放数据产出的有效服务应用总量已经有了较大的提升，从 88 个增长到了 180 个。在省域中，浙江省本级的有效服务应用数量最多，山东省本级及其下辖城市合计的有效服务应用数量最多。在城市中，上海市的有效服务应用数量最多，达到了 13 个。2023 年代表性省份省（自治区）本级的有效服务应用数量如图 13 所示，2023 年代表性城市的有效服务应用数量如图 14 所示。

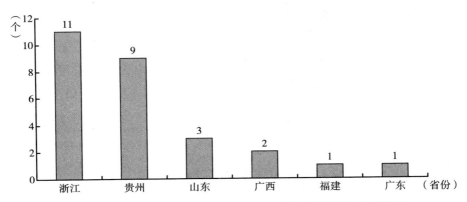

图 13　2023 年代表性省份省（自治区）本级的有效服务应用数量

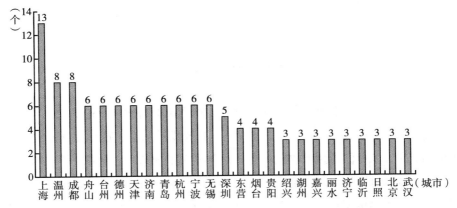

图 14　2023 年代表性城市的有效服务应用数量

（二）研究成果数量

研究成果数量评估研究者利用地方公共开放数据产出的公开发表的学术论文情况。该指标的数据主要通过论文数据库检索获取，并对检索结果进行了筛选和分析。

在省域中，山东产出的研究成果数量最多，接近 10 篇。在城市中，北京产出的研究成果数量最多，公开发表论文超过 30 篇，如表 2 所示。深圳、成都、上海产出的研究成果数量也较多。

表 2 北京市产出的研究成果

城市	研究成果
北京	北京市核心区医疗设施可达性研究
北京	基于客观评价的北京城市宜居性空间特征及机制
北京	超大城市公共服务质量评价研究——以北京市为例
北京	城市公园绿地空间布局的公平性量化评估——以北京六环内公园为例
北京	基于交通可达的两级养老驿站体系及布局研究
北京	基于生活圈的首都功能核心区居住公共服务设施配置指标优化研究
北京	基于 Airbnb 数据的北京市民宿空间分异过程、因素与趋势
北京	城市社区养老设施配置空间均衡研究
北京	在公平与效率之间：对北京市养老资源的空间分析
北京	基于交通可达性的基本公共服务设施均等化策略——以北京急救设施为例
北京	基于人口密度的社区卫生服务设施布局优化研究——以北京市中心城区为例
北京	基于刷卡数据的公共汽车客流网络复杂性日内变化研究
北京	北京市住宅售租价格特征及影响因素
北京	大数据背景下地方政府统计工作水平提升研究——以锡林郭勒盟为例
北京	基于 GWR 的北京市住房租金空间分异及影响因素研究
北京	基于大数据应用的商业设施优化方法研究
北京	居家养老模式下城市基层医疗设施配置研究——以北京城市副中心为例
北京	城市新增公共服务资源与新增住房的空间匹配性研究——基于北京市郊区化进程中相关问题的案例分析
北京	基于 BERT-BiLSTM 的网民情绪识别
北京	基于多元新数据的北京二环内旅游景区客流量差异研究
北京	电子商务促进北京市产业结构优化转型的动力机制研究
北京	海淀区社区居家养老服务设施规划布局研究
北京	北京市养老设施时空发展特征及供给水平分析
北京	基于三维视角的北京城市交通质量分析评价

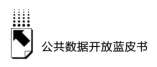

续表

城市	研究成果
北京	短租异质性房源定价问题研究——基于 Airbnb 平台不同房东类型的数据分析
北京	基于尺度规律的路网与城市效率关系研究
北京	后疫情时代生活圈尺度下北京社区医疗设施布局特征研究
北京	基于聚类方法的突发公共事件网民情绪分析
北京	北京中心城区：城市公交服务强度与土地开发强度空间分异
北京	基于 ArcGIS 的北京市综合医院空间布局特征及其适老化研究
北京	地铁站点影响域内用地优化研究——基于用地—客流互动视角
北京	北京市医疗废弃物回收节点选址及路径规划研究
北京	基于互联网地图和多源数据的就医可达性研究——以北京市石景山区为例
北京	基于机器学习的新冠疫情期间区域人群密度预测分析

资料来源：作者自制。

（三）其他形式有效成果数量

其他形式的有效成果包括开放数据比赛产出的创新方案、数据可视化产品等类型。在省域中，山东省本级的其他形式有效成果数量最多，山东省本级及其下辖城市合计的其他形式有效成果数量最多。在城市中，济南的其他形式有效成果数量最多，滨州、东营、日照、济宁也有较多其他形式的有效成果。

（四）授权运营成果数量

授权运营成果数量评估各地通过公共数据授权运营产出的终端场景应用的数量。当前，各地公共数据授权运营尚处于起步阶段，产出的场景应用较少，仅有山东、福建 2 个省份和杭州、青岛、成都、南京 4 个城市产出了少量应用。

（五）成果有效率

成果有效率是指有效成果占公共数据开放平台展示的全部成果的比例。在省域中，山东、浙江、四川的成果有效率较高。在城市中，德州、日照、潍坊等城市的成果有效率较高，平台上展示的无效成果数量较少。

五 成果质量

成果质量包括成果有效性、服务应用质量、创新方案质量及落地性3个指标，评测平台上展示的服务应用与创新方案是否由社会主体开发、成果可用且清晰地标注了所利用的开放数据集，以及有效成果是否有用、能用、好用。高质量利用成果能够释放政府开放数据的价值，赋能数字经济与数字社会的发展，并反哺数字政府治理。

（一）成果有效性

成果有效性作为负向指标，评测地方数据开放平台上展示的成果是否存在政府自身开发、不可用、数据来源不明、数据关联缺失等质量问题。

无政府自身开发成果是指平台上不存在由政府部门自身开发或委托第三方开发的利用成果，这类成果不是政府向社会开放数据后由市场进行开发利用所产生的。

无不可用成果是指平台上不存在无法搜索到、能搜索到但无法下载或能下载但无法正常使用的成果。

无数据来源不明是指平台上展示的成果不存在没有标注所利用的开放数据集的问题。

无数据关联缺失是指平台上展示的成果不存在虽然标注了数据来源，但这些数据集在平台上并未开放或其质量不足以支撑该应用的开发的问题。

各地政府通过清理数据开放平台上展示的无效成果，为利用成果标注数据来源与关联链接，能够启发与引导其他数据利用者开发新的服务应用，促进数据利用创意的生成。近年来，各地数据开放平台上展示的问题成果比例逐渐下降。与地方数据开放无关的成果已经较少，政府自身开发成果、不可用成果的数量不断减少，数据来源未标注、数据关联缺失的问题也得到了改善。

在省域中，浙江、贵州、四川的成果有效性较好。在城市中，上海、济南、贵阳、台州、丽水、遵义等城市的成果有效性较好，对政府自身开发成

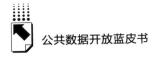
果、不可用成果的清理力度较大，对利用成果的数据来源情况与数据关联标注较为全面。

（二）服务应用质量

服务应用质量评测社会主体是否利用开放数据产出了优质应用，具体要求包括开放数据可以支撑核心功能，对公众有用、公众觉得好用、公众爱用等。在省域中，山东、浙江等省份产出了优质成果。在城市中，上海、济南、杭州、德州、北京、天津、深圳、青岛、成都、贵阳、温州、烟台等城市也产出了优质的成果。

1. 山东省应用——"政保通"数据服务平台

山东省平台展示的"政保通"数据服务平台是支持商业医保快速结算的"保医通"服务平台全面升级的 2.0 版本，通过扩展公共数据接入范围，逐步实现公共数据向商业保险机构全面开放，实现商业保险与政务数据的互通共享和融合应用，如图 15 所示。"政保通"数据服务平台已先后接入中国

图 15 山东省"政保通"数据服务平台

资料来源：山东公共数据开放网，https://data.sd.gov.cn/portal/index。

人寿、平安人寿、太平洋人寿、新华人寿等 9 家主流商业保险机构，40 余款保险产品实现全线上、无纸化理赔结算，企业补充医疗保险即时结算，普通健康保险平均赔付时间由 10 余天缩短为 1 天，最快赔付时间仅需 2 分钟。

2. 浙江省应用——"安诊无忧"陪诊服务

"安诊无忧"陪诊服务是浙江省数据开放创新应用大赛评选出的优秀作品，如图 16 所示。"安诊无忧"陪诊服务项目利用医院信息数据（包括医院的名称、位置、级别、类型等数据项）、医疗机构服务情况（包括急诊、门诊人次等数据项）、护士职业证书数据、职业技能证书等开放数据，并结合自有数据，搭建线上陪诊预约平台，为老年人、儿童、残障人士提供专业陪诊服务。"安诊无忧"陪诊服务致力于对接陪诊师的需求与供给，改善弱势人群的就医体验，减少患者的就诊时间和负担。

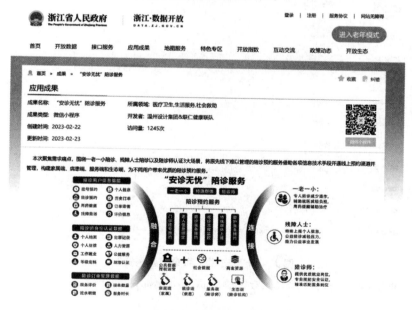

图 16 浙江省"安诊无忧"陪诊服务

资料来源：浙江省人民政府浙江·数据开放，https://data.zjzwfw.gov.cn/jdop_front/index.do。

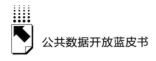

3. 上海市应用——工商银行政采贷

"工商银行政采贷"是上海市数据开放的利用试点项目，如图17所示。该应用通过政府采购项目信息、供应商信息、中标信息等开放数据，以企业中标政府项目为主要依据，结合企业与政府的历史合作情况、项目完成情况、行政处罚情况、监督检查结果、违法失信行为等普惠金融数据进行综合评判，对中标企业给予一定额度的信用贷款。"工商银行政采贷"通过对各部门数据的整合利用，缓解信贷融资中的信息不对称，降低交易成本，让开放数据释放内在价值。

图17 上海市"工商银行政采贷"

资料来源：上海市公共数据开放平台，https：//data.sh.gov.cn。

4. 济南市应用——泉城商业选址

"泉城商业选址"是由浪潮集团研发的商业选址应用，如图18所示。通过选定开店类型和范围，"泉城商业选址"应用能够调用人口库与法人库的相关数据，以地图和报告的形式统计分析出所选范围内与开店相关的数据与信息，主要有政府相关政策、户籍人口数量与密度、医院学校等客源分布情况、同行店铺位置、基本交通信息等。多维度数据直观地为法人实体店选址提供指导，助力企业降本增效。

图18　济南市"泉城商业选址"

资料来源：济南公共数据开放网，http：//data. jinan. gov. cn/jinan/index。

5. 杭州市应用——高德地图

杭州市开放停车场状态信息、公厕信息、通行道路信息等数据，支撑高德地图应用开发了停车场状态查询、公厕查找等功能。用户可在应用中查询部分停车场的车位空闲状态、公厕位置、道路通行状况等，如图19所示。

6. 德州市应用——德州积水地图

德州市开放易积水点信息，支撑高德地图开发相关功能，如图20所示。用户可在高德地图中通过搜索德州积水、德州暴雨、德州积水地图、德州易积水点等关键词，获得德州市城区道路的易积水点位，从而在暴雨天合理规划行程。

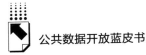

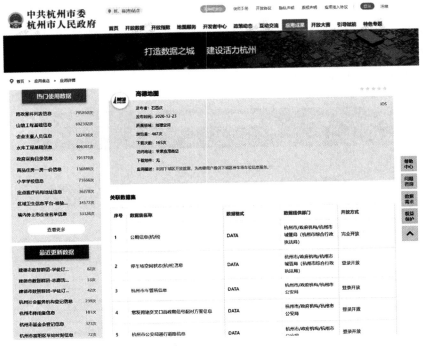

图 19 杭州市"高德地图"

资料来源：杭州市数据开放平台，https：//data.hangzhou.gov.cn。

图 20 高德地图"德州积水地图"

资料来源：德州公共数据开放网，http：//dzdata.sd.gov.cn/dezhou/index。

（三）创新方案质量及落地性

创新方案质量及落地性是指平台上展示的开放数据比赛成果的质量及其落地性，包括是否利用了开放数据、是否标注了所利用的数据集、是否提供了创新方案的详细介绍说明、有无可用成果等维度。

在省域中，浙江、山东、四川的创新方案质量及落地性较好。例如，四川省的"基于信用大数据的项目招投标与建设过程监管"标注了有效的数据集，提供附件对方案的数据利用情况作介绍，如图 21 所示。

图 21　四川省的"基于信用大数据的项目招投标与建设过程监管"
资料来源：四川公共数据开放网，https：//www.scdata.net.cn。

在城市中，上海、深圳、武汉、宁波、温州、湖州、台州、丽水、衢州、嘉兴、绍兴等城市的创新方案质量及落地性较高。例如，深圳市的"开放式银行-大数据风控应用"创新方案标注了所使用的数据集，并对创新方案的用途、数据利用情况进行了介绍，产出了可用成果，如图 22 所示。

图 22 深圳市的"开放式银行-大数据风控应用"创新方案

资料来源：深圳市政府数据开放平台，https：//opendata.sz.gov.cn。

六 成果价值

价值释放是数据开放的最终诉求，开放数据在利用过程中会发挥其中蕴藏的价值，包括经济价值、治理价值、社会生活价值、学术科研价值等。当前，各地开放数据的价值释放虽然尚处在起步阶段，但已经能为改善经济生产助力，为政府治理提供新的方案，也能够回应市场社会需求，解决民众与企业的诸多现实问题。成果价值指标包括数字政府、数字经济、数字社会3个分指标，评测各地的数据开放是否在上述3个维度上释放了价值。

（一）数字政府

数字政府领域的价值释放评测开放数据利用是否改进了地方的数字治理。一方面，评估关注社会主体是否利用开放数据为政府治理提供了新的方案；另一方面，评估关注开放数据利用成果是否促进多元社会主体参与政府治理过程。在省域中，浙江在数字政府方面价值释放较好；在城市中，温州较好。

例如，温州市的"救在身边"社会救助创新方案能够让用户通过平台向急救中心与附近志愿者发出求救信号，并调用急救资源位置数据，辅助民众寻找附近的 AED 或创伤止血包设备，如图 23 所示。

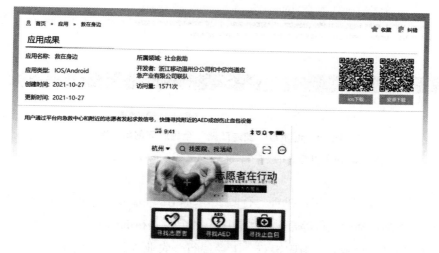

图 23 温州市"救在身边"社会救助创新方案

资料来源：温州市公共数据开放平台，https://data.wenzhou.gov.cn。

再如，温州市的"健走江湖"全民巡河创新方案通过分析公共数据，发布巡河活动，让志愿者在健身运动中参与生态治理，如图 24 所示。

（二）数字经济

数字经济领域的价值释放评测开放数据利用是否通过商业模式创新、产业结构优化等方式提高了经济效率。在省域中，浙江、山东、贵州、福建和广西在数字经济方面价值释放较好；在城市中，上海、北京、天津、重庆、深圳、杭州、成都、济南、青岛、武汉、南京、厦门、温州、德州、贵阳、台州、潍坊、日照、德阳、湖州、滨州等城市较好。

例如，依托数据开放机制，相关政府部门向上海市普惠金融试点应用开放了企业注册登记、社保缴纳、住房公积金、纳税、高新技术企业认定、发

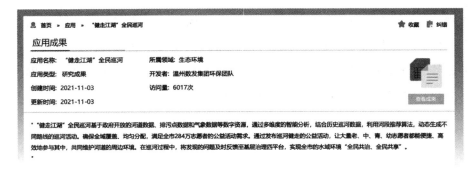

图 24　温州市"健走江湖"全民巡河创新方案

资料来源：温州市公共数据开放平台，https：//data. wenzhou. gov. cn。

明专利、商标登记、房产抵押、行政处罚、司法诉讼等与普惠金融密切相关的公共数据，辅助银行等金融机构为中小微企业"精准画像"，在数据风控的基础上提供贷款服务。中国银行、工商银行、农业银行、建设银行、招商银行、上海农商行、浦东发展银行等数十家银行参与了普惠金融试点项目，推出了经营快贷税务贷、银税快贷、招企贷等普惠金融贷款产品（见图 25）。

图 25　上海市普惠金融试点应用

资料来源：上海市公共数据开放平台，https：//data. sh. gov. cn。

（三）数字社会

数字社会领域的价值释放通过部分应用场景，评测开放数据利用是否真正为民众生活带来了便利。2023 年利用层评估选择的应用场景是公交出行与无障碍设施。其中，公交出行场景评测当地是否开放公交实时位置相关数据，以及在部分常见应用中，当地是否实现了实时公交位置查询。无障碍设施场景评测当地是否开放无障碍设施相关数据，以及在部分常见应用中是否能查询无障碍设施的位置等相关信息。

在公交出行应用场景中，浙江、山东等省份以及德州、温州、贵阳、深圳、杭州、成都、日照、湖州、宁波、丽水、济宁、金华等城市价值释放较好。例如，杭州市开放了实时公交数据，市民可以在导航地图应用中查询公交实时位置，规划出行时间，如图 26 所示。

在无障碍设施应用场景中，山东、浙江等省份以及上海、北京、广州、济南、德州、苏州、哈尔滨、衢州、南宁等城市价值释放较好。例如，德州市开放了无障碍设施信息，包括无障碍厕位、无障碍通道和无障碍停车位等数据项，支持高德地图开发了无障碍公厕设施展示及导航功能，方便了残障人群出行，如图 27 所示。

综合数字政府、数字经济、数字社会 3 个价值维度，当前国内开放数据利用的价值释放更侧重于经济价值与社会生活价值，数字政府治理领域的价值释放较少。虽然在开放数据利用比赛中产出了一些数字政府治理领域的创新方案，但能落地转化、真正可用的成果较少。这需要各地政府在推动开放数据利用，赋能数字经济、数字社会发展的同时，积极引导市场、社会主体提供数据创新治理方案，实现共建共治共享的目标。

七　建议

在比赛举办（参与）方面，建议加强省份与省份、省份与地市、地市与地市之间的赛事协同，提升赛事组织的整体性与规范性，设置高校学生赛道、

图 26　高德地图应用可查询杭州市公交实时位置

资料来源：作者从高德地图应用中截取。

图 27　高德地图应用可实现德州市无障碍公厕设施展示及导航

资料来源：德州公共数据开放网，http：//dzdata.sd.gov.cn/dezhou/index。

创新创业赛道等低门槛赛道，扩大开放数据创新利用比赛的影响力与参与面，同时探索行业小赛与大赛并行，结合自身特色开展专项赛事。

在引导赋能方面，建议积极组织多样化、常态化、专业性的引导赋能活动，例如，授权运营场景征集、数据需求征集、利用成果征集、利用项目试点、数字技能培训等，营造有利于公共数据利用的生态体系。

在成果数量与质量方面，建议进一步提升有效利用成果的数量和质量，清理由政府自身开发的、无法获取或无法正常使用的成果，为所展示的利用成果标明所用开放数据集并提供有效链接，支持引导大赛创新方案落地转化，推动利用成果的可持续运营。

在利用多样性方面，建议鼓励和引导高校、社会组织、公众等多元主体参与，贡献多样化的创新创意，提高数据开发能力，并通过各行业的促进活动提升成果形式与主题覆盖的多样性。

在成果价值方面，建议推动用于公共治理、公益事业的公共数据有条件无偿使用，探索用于产业发展、行业发展的公共数据有条件有偿使用。鼓励社会主体通过数据开放、授权运营等多种形式利用公共数据产出具有政府治理、经济发展、社会公益等价值的利用成果。建议积极回应高校、科研院所等科研主体的需求，开放更多具有科学研究价值的数据；在开放数据创新利用比赛中设置专项赛题，引导数据利用者关注开放数据的多元价值。

案例篇 ⟍⟍

B.7
浙江省公共数据开放与授权运营实践创新

浙江省数据局 *

摘　要：　作为公共数据开放先行者，浙江持续夯实一体化公共数据平台底座，通过构建统一目录、开展常态化数据治理、夯实数据安全保障能力等方式提升公共数据高质量供给水平；提质扩面，稳步提升公共数据开放利用水平；以场景为牵引深化推进公共数据授权运营；以数据要素大赛等形式推动数据赋能各行各业，不断提升公共数据价值的释放效率。持续构建既能确保公共数据安全供给，又能有效促进数据开放利用的健康生态。

关键词：　数据开放　公共数据　数据要素　浙江

近年来，浙江深入学习贯彻习近平总书记关于建设数字中国重要论述和考察浙江重要讲话精神，以促进数据合规高效流通使用、赋能经济社会发展

---

*　执笔人：张纪林，浙江省数据局公共数据处处长；王冬茜，浙江省数据局公共数据处副处长。

为主线，深入推进数字浙江建设，加快建设"掌上办事之省""掌上办公之省""掌上治理之省"，高质量打造数字中国浙江样板，在勇当先行者、谱写新篇章中取得新成绩，作出新贡献。

2024年，新一轮机构改革后，省数据局被赋予了统筹数字浙江、数字政府、数字社会规划建设，协调推进数据要素产权、流通、治理等数据基础制度建设等新使命、新职能。在数据开放利用工作上，省数据局以省市县三级一体化智能化公共数据平台为基础，在公共数据高质量供给、高效率开放利用、广范围授权运营、市场化要素配置4方面共同发力，在确保数据安全的前提下，实现公共数据"应开放、尽开放"。

一 标准先行，持续提升公共数据高质量供给水平

统筹建设省市县三级一体化智能化公共数据平台，创新建成全省一体化数字资源系统（IRS），摸清系统、数据和云资源家底，集成数字资源开通通道。截至2024年6月，对全省14265个应用、327万条数据、1163个组件、13.2万个云资源实例实时在线管理，推进各行业、各领域政务应用系统集约建设、互联互通、协同联动，实现全省数字资源的统一配置、统筹管理。

为进一步提升公共数据供给质量，全省重点围绕数据库建设、目录管理、数据治理、数据安全防护等方面开展工作创新。一是统一建设了人口、法人、信用信息、电子证照、自然资源与空间地理等五大基础数据库，社保就业、城建住房、生态环境、交通出行、婚姻死亡等十大省域治理专题库。会同各数源部门推进高频数据"一数一源一标准"治理工作，建成数据元标准库和标准字典库，确定数据权威来源，加强数据高质量供给，实现数据全面赋能人才队伍建设、高效办成一件事等重点场景。二是以《公共数据元管理规范》为指引，构建全省统一的公共数据目录。累计编制目录数据327万条，基本实现公共数据"应编目尽编目"和分类分级管理。建设数据目录质量自动监测工具，通过数据探查技术实现数据资源动态感知和目录自

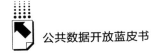

动编制，提高数据目录编制效率和动态更新能力，实现与国家目录统一标准、动态同步。三是持续深化数据常态化治理。总结凝练根因分析、举一反三等系统性问题发现的方法手段，通过"根因分析、分类分级、专项治理、成效评价"四步法对系统性问题进行闭环处置。2024 年上半年，政务服务领域数据系统性问题的闭环整改平均时长由原本的 2 周以上缩短为 5 个工作日，问题总量同比下降 85.3%。四是全面推进分类分级、权限管控、态势感知等 7 项数据安全能力应用，强化全链路公共数据安全防护。围绕"进不来、拿不走、看不懂、改不了、赖不掉"目标，全面推进分类分级、权限管控、态势感知、接口审计、数据脱敏、数据加密、数据水印 7 项数据安全能力应用。实现全省数据安全风险一体化监测和联动处置，提升数据安全监测、研判和处置水平，为公共数据高质量供给筑牢安全防线。

二 提质扩面，稳步提升公共数据开放利用水平

2020 年 6 月，浙江省政府出台《浙江省公共数据开放与安全管理暂行办法》，旨在规范、推动浙江省数据开放工作。同年发布《浙江省公共数据开放工作指引》，围绕数据开放属性、工作体系、申请审核流程、数据利用权利义务等方面，规范数据开放利用，加快公共数据开放和应用创新。2021 年 8 月，省大数据发展管理局发布浙江省公共数据开放安全评估规范，为公共数据安全开放提供制度遵循。2022 年 3 月 1 日，全国首部公共数据领域的地方性法规《浙江省公共数据条例》正式实施，其中设置专章阐述公共数据开放与利用，为深入推进数据开放工作提供有力的法制保障。2024 年发布《浙江省推进公共数据高质量开放工作方案》，聚焦开放数据集提质扩面和安全管理等新时期工作重点，进一步做深做实浙江省公共数据开放利用工作。

以全省统一的数据开放网站为载体持续扩展公共数据开放重点清单，新增开放 26 个省级部门、11 个设区市的人防、警务、法律、气象等领域数据集。截至 2024 年 6 月，全省累计向社会公众开放公共数据集和接口超 3.3

万个，包含养老机构信息、网约车车辆基本信息、河道河段信息等。通过数据沙箱、隐私计算等技术手段，在公共数据平台上建设开放域系统，实现数据安全开放、融合应用。打造"数据高铁"特色开放专区，减少数据传输中间环节，让数据从"起点站"直达"终点站"，提高数据开放时效性。聚焦经济社会发展和公众关切领域，选取个体工商户基本信息、省级科技型中小企业信息、省科技厅高新技术企业证书等超过 320 万条数据向公众实时开放。

三　场景牵引，系统推进公共数据授权运营实践创新

2023 年 8 月，浙江省政府办公厅印发《浙江省公共数据授权运营管理办法（试行）》（以下简称《办法》）。《办法》回答了"什么数据可以授权运营、如何开展授权运营、如何规范授权运营行为"三个重点问题。为贯彻落实《办法》相关要求，2023 年 9 月 25 日，依托全省一体化智能化公共数据平台，按照"原始数据不出域、数据可用不可见"的要求，正式上线浙江省授权运营域系统，为授权运营单位加工处理公共数据提供特定安全空间。通过严进严出、边界隔离、精准管控等举措确保授权运营合法合规，构建公共数据安全供给、有序开发利用的良好生态。

2024 年，在公共数据授权运营实践过程中，浙江省不断健全公共数据授权运营体制机制。建立健全由公共数据、网信、发展改革、经信、公安、国家安全、司法行政、财政、市场监管 9 个部门组成的管理协调机制，形成各司其职、齐抓共管的工作合力。持续强化对授权场景、授权范围、激励机制、运营安全等方面的监督管理，建立授权运营评估和退出机制，促进公共数据安全有序授权和高效公平配置。

以场景为牵引，开展更深维度、更广领域的探索实践，形成一批公共数据授权运营标志性成果。浙江省坚持总量控制、因地制宜、公平竞争的原则，确定 11 个设区市和部分县（市、区）为第一批公共数据授权运营试点地区，优先聚焦社会民生、产业发展等重点领域，探索医疗健康、先进制

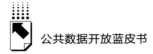
造、公共信用等试点领域。目前，宁波"四港联动"、温州数智交通绿波、金华电气焊数智化及商贸企业信用服务等第一批授权运营场景已完成建设，在服务民生、服务企业、服务发展等方面取得显著成效。以宁波"四港联动"场景为例，为贯彻落实浙江省委、省政府"建设世界一流强港和交通强省"的重大工程部署，浙江省组建海港、陆港、空港、信息港"四港"联盟，通过海运、空运等报关状态数据授权运营，加快推动物流信息全量汇集、服务能级提升，有力支撑多式联运一站式物流信息查询服务，实现集装箱物流"一次查询、快速反馈，全程可视、及时预警"，提升港航国际物流40余个节点全链路监测、预警水平。

现阶段，浙江省正在逐步开展授权运营第一批试点场景的成效评估，通过总结提炼经验，形成《公共数据授权运营工作指引》，加强对全省各地的系统指导，进一步凝聚省市县工作合力。积极谋划推进公共数据授权运营新场景建设，持续促进公共数据开放，高效释放数据价值。

四 以赛促强，推动公共数据开放赋能高质量发展

2024年5月，国家数据局等15部委共同启动了年度"数据要素×"大赛，以赛促研、以赛促用，凝聚各界力量，挖掘一批数据要素开发利用的好技术、好方案，让更多数据"动起来、用起来、活起来"。浙江省积极响应国家号召，启动"数据要素×"大赛浙江分赛。秉持"开门办赛+协同合作"理念，鼓励企业、事业单位、高校、科研院所等主体积极参赛，充分发挥浙江省数字资源优势，促进跨部门、跨行业的数据共享与融合，实现产学研用高效协同，探索形成有价值、有实效、可复用的数据资源开发利用浙江方案。

围绕"数字中国"战略路径和省委、省政府中心工作，充分结合浙江数字经济产业特点，精准对应《"数据要素×"三年行动计划（2024—2026年）》部署的重点领域、重点方向，浙江分赛设置工业制造、现代农业、商贸流通、交通运输等12个行业领域赛道，并增设"数据安全与治理"特

色赛道，细化形成 39 个特色赛题，目前正面向全省征集参赛案例。浙江将持续为大赛提供优质的数据要素资源，开放丰富的应用场景，支持公共数据与社会数据深度融合，挖掘一批示范性强、带动性高的典型应用场景，充分发挥数据要素乘数效应，持续提升数据赋能经济社会发展水平。

浙江省将持续不断加大数据开放力度，推动数据融合创新，充分发挥数据要素的乘数效应，推动形成公共数据高质量供给、有序开放利用的良好生态，让数据更好地助力新质生产力的发展。

B.8
山东省公共数据开放工作实践

苏毅　郑艳　郭雨晴　赵一新　王茜　王新明*

摘　要： 　为推动公共数据安全有序开放和开发利用，山东省围绕构建法律规范体系、提升数据服务能力、推动数据开发利用等方面，全面提升全省公共数据开放水平。在构建法律规范体系方面，全方位、多领域构建数据开放政策法规体系，推动全省数据开放工作标准化进程；在提升数据服务能力方面，明确数据目录规范和数据质量安全要求，逐步拓展数据开放范围，保障数据持续供给，同时完善开放平台功能，提升平台数据服务支撑能力；在推动数据开发利用方面，连续举办数据应用创新创业大赛或评选活动，推动公共数据和社会数据融合应用，在健康医疗、海洋、地理空间等领域，积极探索公共数据授权运营，并取得较好成效。

关键词： 　公共数据开放　数据授权运营　山东

近年来，山东省全面落实国家关于完善公共数据开放共享机制、扩大基础公共信息数据安全有序开放、拓展规范数据开发利用场景等要求，以"最大限度开放公共数据，最大范围拓展应用场景，最大限度满足群众需求"为思路引领和目标遵循，构建完善全省统一的数据开放体系，推动全省公共数据开放水平位于全国前列。截至2023年底，全省开放数据目录有7.92万个，数据接口有1.9万个，发布数据220亿条。

---

* 苏毅，山东省大数据局数据资源处处长；郑艳，山东省大数据局数据资源处三级主任科员；郭雨晴，山东省大数据中心数据资源管理部助理工程师；赵一新，山东省大数据中心数据开发应用部主任；王茜，山东省大数据中心数据开发应用部副主任；王新明，山东省齐鲁大数据研究院工程师。

一 以构建法律规范体系为保障，建制度、提标准

围绕政策法规、标准规范体系建设等方面，持续健全数据开放制度保障。

政策法规方面。全方位、多领域构建数据开放政策法规体系，从制度角度为全省数据开放工作开展提供基础和遵循。出台地方性法规《山东省大数据发展促进条例》、政府规章《山东省公共数据开放办法》，对全省数据开放工作提出纲领性要求。发布《山东省公共数据开放工作细则（试行）》，对数据开放与审核流程、数据获取与审核流程、数据利用与安全保障要求等提出明确的可操作性要求。发布《山东省数据开放创新应用实验室管理办法（试行）》，推进公共数据资源在各领域高质量开放、高水平应用。行业领域方面，出台《山东省健康医疗大数据管理办法》《山东省地理空间数据管理办法》等政策文件，明确健康医疗、地理空间等领域的数据开放和创新应用要求，推动高价值数据在行业领域的高质量利用。

标准规范体系建设方面。构建"地方标准+工程标准+工作规范"的标准规范体系，从技术角度推动全省数据开放工作标准化进程。围绕公共数据开放，从数据开放工作基本要求、数据脱敏、开放评价等维度，制定并出台山东省地方标准，为全省各级各部门推进公共数据开放工作提供统一指引。发布数据管理规范、元数据规范、数据展示规范、应用开发规范等省级工程标准，同时制定"山东省公共数据开放技术规范"等工作规范，标准化推进数据开放和平台建设工作，便于数据利用主体更加便捷获取开放数据、更加有效开展创新应用。

二 以提升数据服务能力为根本，塑平台、强基础

围绕数据开放"提质"、平台"提效"等方面，持续夯实数据开放基础。

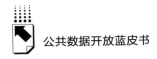
数据供给保障方面。一是依托省市一体化大数据平台，不断强化全省数据"一体统管"。按照全省统一的标准，规范数据资源目录，基本形成全省数据资源"一本账"，统筹推进数据资源开放、共享、授权运营等工作。二是常态化开展数据开放提升工作，制定年度数据开放工作计划，发布开放清单，明确数据来源、数据集名称、字段、开放属性、开放条件、更新频率、计划开放时间等具体信息，以此为基础推动数据开放。三是持续提升数据容量，已开放数据目录中，山东省本级无条件开放数据集的平均数据容量近120万，省域内所有地市开放数据集的平均数据容量超46万，无条件开放的数据数量在全国处于领先地位。四是逐步拓展数据开放范围，除开放《山东省公共数据开放办法》中重点领域的高数据容量数据外，推动更多包容性数据集的有序开放。五是适时开展数据开放评估工作，持续提升开放数据的整体规模和质量。做好数据安全保障工作，认真开展数据安全和隐私保护的自查工作，确保数据开放前完成脱敏脱密处理，杜绝国家秘密、商业秘密、个人隐私泄露，及时处理公共数据利用主体反馈的开放数据相关合法权益诉求。充分运用隐私计算等数据安全防护技术，实现"数据可用不可见"。

开放平台建设方面。完善山东公共数据开放网（https：//data. sd. gov. cn）功能，打通公共数据利用主体与公共数据开放主体之间的互动通道，增设社会数据接入、数据开放创新应用实验室成果展示、数创大赛数据专区、数据隐私计算平台等功能，满足用户用数需求。结合省市实际，创造性打造北方健康的"医疗数据专区"、济南的"可信数据空间"、青岛的"公共数据运营平台"、烟台的"数据交易平台"、日照的"胶东五市大赛"等平台特色专区，为用户提供多样化服务。提升平台用户交互体验，完善支付宝快捷登录、个人权益申诉、有条件开放数据预览功能、互动交流信息反馈等功能，持续提高开放平台的服务水平。

三 以推动数据开发利用为核心，重应用、提质效

围绕以赛促用、场景打造、授权运营等方面，持续提升数据开放成效。

以赛促用方面。自 2019 年以来，连续 5 年举办山东省数据应用创新创业大赛，构建"深挖需求—揭榜挂帅—成果落地"的"以赛促用"工作机制，汇聚了大量场景、人才、算法资源，打造了一批高质量、多领域、有市场前景的数据创新应用，不断推动数据高水平应用。为激发机关工作人员的数据创新意识和创新思维，2023 年举办首届山东省数字机关"数据赋能业务"大赛，共吸引全省各级机关 1.7 万人报名参赛，有效提升机关工作人员的数据思维能力，助力更高水平的数据开放和应用。面向全省 300 多个数据开放创新应用实验室，开展优秀科研成果评选，提升各行业、各领域开放数据开发利用水平，深化数据赋能。

场景打造方面。推动企业监管、卫生健康、交通运输、气象水利等高价值数据集向社会开放，鼓励全社会依托公共数据开展创新应用。围绕群众日常生活的难点、堵点，充分挖掘民生领域公共数据价值，推动公共数据和社会数据融合应用，打造了全省机关事业单位可对外开放停车场"一张图"、AED 急救设备电子地图等一批便民应用场景，给群众生活带来了极大便利。连续 3 年开展大数据创新应用提升行动，省市县联动打造跨层级、跨地域、跨部门的数据融合创新应用场景 2000 多个，推动示范性强、显示度高、带动性强的应用场景"一地创新，全省复用"。

授权运营方面。在多个领域积极探索公共数据授权运营、数据交易流通的模式路径。在健康医疗领域，山东健康医疗大数据管理中心授权北方健康医疗大数据科技有限公司开展健康医疗数据运营，建设了健康医疗大数据开放运营平台，打造了"商保两核风控数据服务""商业保险理赔数据服务"等数据应用。济南市建设了全国首个大数据保险服务云平台——"政保通"数据服务平台，通过推动各类公共数据向商业保险机构全面开放，加速推进商业保险承保服务数字化，将核保时间缩短为 3~5 秒。目前已完成医保、卫健等 6 个部门 12 个数据维度的数据接入，汇聚全市 21.7 亿条医疗数据。2023 年以来，约 10 万名医保参保人通过"政保通"数据服务平台办理商业保险理赔业务，理赔总金额逾 3 亿元。在海洋领域，青岛市建成全国首个海洋大数据交易服务平台，开展海洋地质、地形地貌、水文气象、遥感影像等海洋数据交易，累计实现海洋数据交易额 283 万元。在地理空间领域，山东省土地发展集团联合山东省国土测绘院，探索开展地理空间数据流通试点，开展地理空间数据流通交易政策体系研究，建设了地理空间数据运营服务平台等。此外，山东省大部分城市制定了公共数据授权运营管理办法，已经或正在建设数据授权运营平台，通过授权运营方式鼓励更多社会力量进行数据开发利用，高质量打造数据创新应用生态。

B.9
福建省公共数据开发利用工作报告

宋志刚　徐伟铭　李喆　涂平　刘民杰　王建军*

摘　要：　福建省作为数字中国建设的先行者，在公共数据开发利用方面取得了积极进展和显著成效。通过创新政策，实现公共数据全量汇聚、融合治理与共享应用。构建运营体系，创新公共数据资源分级开发模式，培育多元服务团队，挖掘创新应用场景，释放数据要素潜力。不断健全平台支撑体系，提升数据资源质量，确保数据共享的高效性。同时，持续强化数据安全保护，确保数据开发利用的安全可控。为加快数据应用场景落地，福建省建立公共数据开发利用快审机制，探索公共数据有偿服务机制，构建数据交易体系，并在多地开展数据要素市场化改革试点。此外，发布若干措施，激励行业数据汇集与供给，提升数据质量，为各行业提供精准、高效的数据支持，推动数字经济高质量发展。

关键词：　公共数据　开发利用　福建省

　　数据作为新型生产要素，被称为"信息时代的石油"，是推动经济高质量发展的基础性、战略性资源。随着一系列政策措施的出台，我国数据要素市场正迎来加速发展的新阶段。在这一背景下，福建省作为数字中国建设的先行者，始终走在数字化发展的前列。近年来，福建省围绕公共数据开发利用开展探索，在制度法规、运营体系、平台支撑、安全保障、数据要素市场化改革等方面取得了积极进展和显著成效。

---

* 宋志刚，数字中国研究院（福建）；徐伟铭，数字中国研究院（福建）；李喆，福建大数据一级开发有限公司；涂平，福建大数据一级开发有限公司；刘民杰，福建省数据管理局数据资源处；王建军，福建省数据管理局数据资源处。

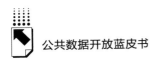

一 创新特色政策，建立健全法规制度

在数据归属权层面，福建省于 2016 年率先出台《福建省政务数据管理办法》，全国首次提出政务数据资源属于国家所有，纳入国有资产管理。

在数据基础设施层面，福建省印发实施《福建省一体化公共数据体系建设方案》，整合构建全省一体化公共数据体系，加快推进公共数据全量汇聚、融合治理、共享应用和开放开发，促进数据要素高效流通。

在数据运营层面，福建省制定实施《福建省大数据发展条例》，全国首次通过立法明确公共数据资源实行分级开发；制定印发《福建省公共数据资源开放开发管理办法（试行）》，建立完整的公共数据资源开放开发管理制度机制，明确二级开发主体获取公共数据的方式、途径等，是全国首份公共数据开发利用的规范性文件。

在数据要素市场化改革层面，福建省制定《福建省加快推进数据要素市场化改革实施方案》，持续推进数据要素市场化改革试点工作，促进福建省数据要素市场化，推动数字经济的高质量发展。

在数据安全层面，福建省开展公共数据违规开发利用服务专项整治行动，要求对于未经大数据主管部门安全评估、审核同意，直接向市场主体提供公共数据，用于商业化开发、市场化运营的违规行为进行综合整治。

二 运营体系构建，打造数据驱动的发展新模式

（一）创新公共数据资源分级开发模式

福建省在全国首次创造性提出公共数据资源分级开发模式，明确省大数据集团作为公共数据资源一级开发主体，承担公共数据汇聚治理、安全保障、开放开发、服务管理等具体支撑工作，建立公共数据市场化运营机构。正在开展公共数据有偿使用的收费定价研究，推动建立公共数据开发有偿服

务的收费管理、定价方式等，建立公共数据市场化运营管理机制。招募公共数据资源二级开发主体，充分调动社会力量，激发市场能动性，遴选有意愿、有能力、有经验的二级开发服务商，基于一级开发构建的基础性平台，开发公共数据产品并提供数据服务。目前，平台已有 60 家二级开发服务商入驻。

（二）培育多元服务团队，打造数据要素产业生态体系

随着数字经济的不断发展，合作生态已成为推动经济社会发展的重要力量。福建省大数据交易所深化与高校、科研机构、行业企业合作，吸引培育壮大应用型、技术型、服务型等数商队伍及第三方专业服务机构，推动开展数据应用开发、合规认证、资产评估、安全审计、贯标服务、法律咨询等全链条业务，打造数据要素产业生态体系。目前已与超 300 家核心数商、超 500 家服务合作数商建立了紧密的合作关系，共同促成入场交易额 10.5 亿元。福建大数据一级开发有限公司建设线下服务中心，为用数单位提供数据探查、线下开发、线下调试等服务，当前已累计接待 30 余家企业，百余人入场线下探查，推动 15 个应用场景落地。

（三）挖掘创新应用场景，释放数据要素乘数作用

自 2022 年 7 月福建省公共数据开发服务平台上线以来，该平台共入驻企业 100 多家，在数字金融、灾害应急、健康医疗、营商环境等方面建设了 73 个应用场景，如福建省金服云平台调用市场监管、税务、工商等 17 个定制类数据接口，支撑服务金融机构解决融资授信 2900 多亿元，赋能中小微企业发展。中信银行、省农村信用社联合社、招商银行福州分行、华夏银行福州分行等建立社保快贷、菁英 E 贷、信秒贷、信易开、电子分离式投标保函等应用场景，支持企业和个人贷款业务，授信金额近 200 亿元。举办 2024 年"数据要素×"大赛福建分赛、2023～2024 年福建省大数据集团数据应用开发大赛等数据应用创新竞赛，促进数据流通和开发利用，吸引参赛团队超 2000 支，征集优秀应用方案数百份。

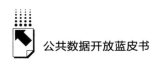
三　健全平台支撑体系，推动公共数据资源开放共享

2022年12月26日，出台《福建省数字政府改革和建设总体方案》，明确构建一张网、一朵云、三大一体化平台和一个综合门户，支撑N个应用的"1131+N"一体化数字政府体系。

（一）构建数据要素一体化流通技术支撑体系

根据《福建省一体化公共数据体系建设方案》要求，建设数据要素一体化流通服务平台环境，有效集聚公共数据、行业数据等高质量数据资源，建设数据要素治理能力、安全合规开发能力、数据产品流通能力、数据运营服务能力和风险监测支撑能力。在确保数据安全及合规开发的前提下，利用数据沙箱、可信数据空间和隐私计算等先进技术，依托平台推动数据要素在各行业的数据场景、数据产品及数据服务落地应用，为数据需求方、服务提供方、数据提供方、授权运营方、平台运营方和监督管理方提供"一站式"服务。充分调动政府、企业、社会等各方面积极性和能动性，盘活数据要素，促进数据价值变现，全面促进数字经济高质量发展。

（二）建设统一区块链支撑平台

建设统一区块链支撑平台，通过整合分布式节点共识算法、点对点通信、智能合约、加密算法等关键技术，实现了数据变化的实时探知、数据访问的全程留痕、数据共享的有序关联，在保护数据隐私的前提下，促进数据的共享、流动和交换。

（三）建设福建省算力资源一体化服务平台

联合福建省各大超算中心，依托优势软硬件资源，打造算力资源一体化公共服务体系，将算力服务、大数据服务、AI服务等融为一体，为政府、高校、研究机构、社会组织、企业等提供更高性能、更安全可靠、更便捷的算力应用服务。

（四）隐私计算接入能力

福建省公共数据资源开发服务平台提供隐私计算接入能力，满足外部数据不愿接入可信计算空间的应用场景开发需求。平台可支持多个隐私计算平台的能力集成，数据应用单位通过免密单点登录方式使用经平台运营方授权的隐私计算平台。

（五）提升数据资源质量，支撑数据要素高质量共享

在一体化数据治理体系方面，福建省通过建设基础库、部门数据资源专区和应用专题库整合公共数据，提供不同类型的数据服务。基础库主要为全省各级各部门提供基础性、公共性的数据服务，整合多部门人口、法人、地理信息等基础数据；部门数据资源专区主要利用省公共数据汇聚共享平台的基础能力和已汇聚的数据，确保数据不出平台、数据管理安全高效支撑部门行业应用，由各部门面向行业管理和服务需要对本部门汇聚的数据进行整合治理；应用专题库主要支撑跨部门应用，由应用涉及的各部门共同对有关数据进行整合治理，如"省三医一张网"专题库等。在管理机制方面，构建多方参与、多系统协同的全省数据质量纠错闭环体系，建立数据质量管理长效机制。

四　强化安全保障，建立数据安全保护体系

（一）政务云信创改造，提升信息安全水平

福建省于 2012 年 3 月率先建成了省级电子政务云平台，为省直 70 多家单位的 125 个应用系统提供了云计算服务，有力推动了电子政务的集约化建设。近年来，随着信息技术的快速发展和国家对信创产业的重视，福建省积极响应号召，加速推进政务云的信创改造工作。2021 年，省政府办公厅印发《2021 年数字福建工作要点》，明确要求加快信创云建设，以进一步提升

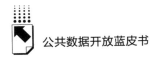

政务云平台的自主可控能力和信息安全水平。通过实施政务云信创改造，为数字福建建设注入了新的动力。

（二）规划建设公共数据监测监管平台，强化数据合规利用

建设公共数据监测监管平台，构建公共数据监测监督管理指标体系和公共数据流通安全评估标准，建设指标管理、数据采集管理、数据流通监管、安全监管分析和运维支撑管理等基础能力，全面监测监管及评估公共数据的安全管理情况，实现公共基础环境可监管，参与主体可监管，公共数据汇聚、处理、流通、应用、运营和安全保障等全流程可监测监管，全面提升数据安全保障和风险防范能力，为推动建立公共数据安全监测预警体系、建立健全公共数据安全运行监管机制提供有力支撑。

（三）设立专家组，深化风险评估

福建省健全两级开发数据安全保障体系，成立了公共数据资源开放开发专家组，常态化开展公共数据资源开放开发风险研判、评估等工作。

（四）创新"两端授权"机制，保护数据产权安全

为了更好地兼顾政府公共数据产权和数据人格权的保护，创新公共数据使用"两端授权"机制，福建省数据管理局依场景组织数据安全评估，进行数据使用授权，涉及个人、企业等的数据必须取得数据主体授权。

（五）推行"管运分离"原则，实现数据的高效管理与安全运营

2022年，福建大数据一级开发有限公司成立，作为福建省公共数据资源一级开发主体，专注全省公共数据的汇聚治理、安全保障、开放开发、服务管理等工作。2023年，福建大数据信息安全建设运营有限公司成立，作为全省数字政府安全一体化管理者和运营者，通过采用先进的信息安全技术和管理手段，有效防范了各类网络安全风险，保障了公共数据开发利用的安

全稳定运行。福建省"管运分离"模式推动公共数据资源的更广泛利用和更高水平的安全保障。

五 探索数据要素市场化改革，推动数字经济的发展

为了贯彻落实《中共中央 国务院关于构建数据基础制度更好发挥数据要素作用的意见》和《"数据要素×"三年行动计划（2024—2026年）》的要求，福建省积极响应国家号召，以充分发挥数据要素的乘数效应，赋能经济社会发展。

（一）建立开发快审机制

建立公共数据资源开发利用快审机制，制定数据和应用场景快审清单，对市场主体申请清单内的数据和应用场景，简化专家技术评估和审批流程。

（二）探索公共数据有偿服务机制

建立健全公共数据资源开发利用有偿服务制度机制，探索将公共数据使用费纳入全省非税收入管理，推动将公共数据技术服务费纳入政府指导价管理，研究制定公共数据使用费和技术服务费收费标准，加强公共数据资源开发利用有偿服务合规授权和监督管理，进一步激活数据要素潜能，做强做优做大数字经济。

（三）建立公共数据资源交易体系

2022年7月，福建省成立福建大数据交易所，在全国范围内率先获得数据交易牌照，为各类市场主体提供数据交易服务。建设交易平台、登记平台两大平台，贯通数据要素化全流程服务，逐步打造安全合规的数据交易流通基础设施。支持经审核通过的公共数据开发产品在依法设立的数据交易场所上架流通交易。鼓励各地各部门及各相关企业通过依法设立的数据交易场所采购数据产品或服务。支持市场主体通过依法设立的数据交易场所登记数

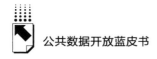

据资产，由数据交易场所依规发放登记凭证。探索开展数据资产入表，鼓励银行、保险、第三方资产评估机构开展数据资产金融服务。

（四）推动地市开展数据要素市场化改革试点工作

《福建省数字福建建设领导小组办公室关于开展数据要素市场化改革试点工作的通知》中，选取福州、厦门、泉州、三明、龙岩五地市作为数据要素市场化改革试点地市，探索公共数据开发利用的机制建设和特色做法。依托省级开发服务平台、大数据交易平台，赋能本地区特色产业发展。探索省市一级开发主体合作机制、省市一体化公共数据资源开发模式。推动本地企业、行业数据的交易流通使用，赋能区域特色产业发展。

（五）出台补贴政策，激励行业数据汇集及供给

《福建省促进数据要素流通交易的若干措施》针对省内行业数据服务平台的发展，提出支持行业数据服务平台汇集行业内上下游企业数据，围绕重点行业评选一批数据汇集和供给成效显著的行业数据服务平台，出台给予相关行业平台补贴政策，激励行业数据服务平台积极参与数据汇集和供给工作，提升数据的质量和数量，为各行业提供更加精准、高效的数据支持。

B.10
上海市以公共属性为核心
加快推进公共数据深度开发利用

薛　威*

摘　要： 随着国家数据局的设立以及"数据要素×"三年行动计划的启动，公共数据开发利用进程显著加速，涌现出一系列开创性的实践案例。本报告系统性地概述了上海市在公共数据开发利用领域的实践探索，梳理了公共数据开放的普惠性增强、大数据联合创新实验室的构建以及数据基础设施的优化升级三大关键行动。在此基础上，辨析了公共数据界定的合理边界、地域性供需结构的局限性、授权运营的公平保障机制、收益分配的合理反哺路径，以及政企数据融合创新的策略性应用等关键研究焦点。针对性地提出了强化基础制度建设、繁荣数商业态、加快建设安全可信的数据基础设施等综合性策略建议，为公共数据的深度开发利用提供了一个更为广阔且可持续的理论与实践框架。

关键词： 公共数据开放　数据共享机制　区域协同发展

近年来，随着我国成立国家数据局，"数据要素×"三年行动计划等一系列行动计划发布，全国关于公共数据的探索步伐不断加快，产生了一批具有创新性、引领性的成果。

---

* 薛威，上海市数据局城市数字化转型处干部。

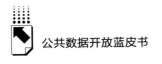

一 实践探索

（一）加快推进公共数据开放普惠

上海市推进公共数据集建设，截至 2024 年 5 月底，全市通过开放平台累计完成 5532 个公共数据集的开放。以公共数据牵引带动市场侧超级场景应用，目前已上线 30 多个应用场景。如深化大数据普惠金融应用，积极对接金融机构用数需求，目前已向工行、中行等 33 家金融机构开放了 956 项公共数据，提供数据量超 14 亿条，支持金融机构为 73 万家中小微企业发放贷款超过 5700 亿元。"沪惠保"兑付资金超 50 亿元；依托脱敏公共数据，联合医保、卫健部门推出"沪儿保"，累计承保 1.6 万人，完成 435 次赔付，最大单笔理赔额达 15 万元。

（二）建设大数据联合创新实验室

大数据联合创新实验室承担探索行业数据多源融合、攻关大数据核心技术、打造行业数据示范应用、制定行业数据应用标准规范等职责。在社会信用领域，由上海市社会信用促进中心牵头，依托 23 个领域的 61 家合作机构的社会信用数据，建设信用大数据公共服务平台；在科研领域，由复旦大学牵头，建设慧源科学数据平台，实现上海地区人文社科领域科研数据目录架构，整合入库 10 家高校的 20 个人文社科领域特色数据资源库、50 个人文社科领域科研数据集。

（三）加快建设数据基础设施

统筹提升数字化基础能力，深化双千兆宽带城市建设，持续推进 IPv6 规模部署和应用，投用上海市人工智能公共算力服务平台，累计归拢 GPU 资源约 222.52P。公共数据上云上链进程加速，有效夯实城市数字底座。基本建成"时空底图""随申码"管理服务体系，加速推进以"区块链+隐私计算"为代表的新一代特大城市数据基础设施体系和集约化监管服务体系，打造全市统一的数据安全底座。

二 值得关注的研究方向

（一）公共数据的合理边界

当前，公共数据在实践过程中的合理边界仍然在探索中。虽然在各地立法层面有看似清晰的定义，但在操作中仍然有大量模糊地带。本报告认为，公共数据是具有公共属性的数据，比如交通数据中，交通路线、收费、人流量等中观、宏观数据是公共数据，上下车详情、刷卡情况、公交公司财务状况等不是公共数据；在具体判别方面，可以由主管部门向企业采集的数据一般具有公共属性，涉及个人隐私、商业秘密的不是公共数据。

（二）地域限制下的供需结构

公共数据的实际需求往往超越单一地区的范畴，其价值释放依赖于跨地域的广泛数据共享。当前，单一地区内的数据资源难以满足复杂应用需求，只有更大范围的数据协同开放才能充分挖掘公共数据的潜力。应当进一步依托长三角一体化、粤港澳大湾区等区域协同机制，加速复制推广智慧交通、智慧医疗等成熟应用场景至更多区域。同时，推动国家部委数据资源向地方特色应用场景开放，促进跨层级数据流通与融合创新，以点带面，全面提升公共服务效能与社会治理智能化水平。

（三）授权运营的公平保障

全国目前正在依托各类龙头企业开展公共数据的授权运营探索，避免数据垄断、推动公共数据公平使用是当前该工作的重点难点。授权运营应当与共享开放一体两面，在原材料端应当予以公平保障，即不同主体获得原始公共数据的权利应当一致。而在使用模式上，共享开放更加注重普惠公平，不

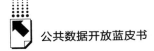

收费或者仅收取成本费；授权运营注重高效服务，进行市场化服务收费。同一类数据诉求，面向不同的服务能力，既可以通过免费的开放渠道获取，也可以通过收费的运营渠道获取，能够充分调动运营渠道的积极性，同时避免数据定价的不确定性。

（四）收益分配的合理反哺

在探讨公共数据价值时，应对"数据财政"概念持审慎态度。数据财政的核心思路是将数据视为类似土地的新型资产，追求可交易与估值，但在实践中仍有诸多挑战，包括数据定价难、标准化缺失，以及难以实现类似土地的排他性控制。这些特点要求法律和金融基础设施持续强化。数据领域带来的财政收入与土地财政相比规模较小，预估短期内亦难以成为重要的财政支撑点。同时，"数据二十条"强调数据要素发挥价值更应当关注生产经营活动提升和场景创新应用，特别是在公共数据领域，更应当发挥其公益属性。

（五）政企数据融合创新

创新是数据开发利用的底色，在公共数据开发利用进入深水区的当下，面向实际数字化场景，有针对性地提供高水平数据服务，与产业界共同创新是应有之义。例如，在城市管理领域，结合外卖数据能够对商铺进行精准监管；在能源管理领域，运用智能电表数据与用户习惯分析能够优化电网负荷调配，推动节能减排；在公共卫生领域，通过药店销售记录与社交媒体情绪分析数据能够实时监测疾病暴发趋势，快速响应公共卫生事件。

三　建议

一是强化基础制度建设，完善数据开放机制。加快数据要素领域的法规建设，拟定公共数据、企业数据、个人数据分类分级确权授权的实施细则，明确可开放数据的范围，试点建立数据资源统计普查机制、数据产品和数据资产地图。明确数据共享的权责机制，优化共享环境，清晰界定数据共享中的权责，制定流程规范，打破"数据孤岛"，激励各部门主动参与共享，形成高效的数据共享生态。

二是繁荣数商业态。加强政企数据融合发展，用好国际数据港和数据交易所等平台，深入挖掘公共管理中的各类外部数据需求，鼓励通过数据交易所采购非公共数据，推动政企数据的融合开发与利用。引导行业龙头企业、互联网平台企业与中小微企业双向公平授权，深化数据加工和使用，创新数据产品经营，建立科学合理的收益分配机制。

三是加快建设安全可信的数据基础设施，创新可信流通服务，建立数据要素生产流通使用全过程的合规公证、安全审查、算法审查、监测预警等制度。发展数据安全产业，推动数据识别、质量管控、血缘分析等领域技术创新，加快隐私计算、密码等安全产品研发和系统解决方案应用，支持数据安全规划咨询等第三方机构发展。

B.11
杭州市数据要素市场化配置改革的实践与思考

杭州市数据资源管理局 *

摘　要： 数据要素市场化配置是公共数据开放持续深入的进阶探索。数据资产是新质生产力的核心要素，数据要素市场化配置改革是推动数字经济时代高质量发展的关键举措，对于提升国家竞争力、促进社会经济全面进步具有深远的战略意义。本报告围绕数据要素市场化配置改革的杭州实践提出了相关建议与思考，期望为各地数据要素市场化推进提供参考借鉴。

关键词： 数据要素　"数供"　"数流"　"数用"　"数安"　"数基"
杭州市

一　引言

在数字化、信息化的时代背景下，数据已成为支撑社会发展和经济增长的核心要素。数据不仅是信息时代的基石，更是推动经济高质量发展的关键资源。2020年，《中共中央 国务院关于构建更加完善的要素市场化配置体制机制的意见》明确数据为第五大生产要素，要求深化要素市场化配置改革，加快培育数据要素市场。2022年，《中共中央 国务院关于构建数据基础制度更好发挥数据要素作用的意见》（以下简称"数据二十条"）提出

---

* 执笔人：张斌，杭州市大数据管理服务中心主任；方建军，杭州市大数据管理服务中心副主任；何丹，杭州市大数据管理服务中心高级工程师。

"探索数据产权结构性分置""培育数据要素流通和交易服务生态"等一系列战略部署。2023 年，国家数据局组建成立，国家数据局等 17 部门印发《"数据要素×"三年行动计划（2024—2026 年）》，对充分发挥数据要素乘数效应作出具体部署。这些部署为我国进一步促进数字经济发展与全体人民共享数字经济红利提供了方向性指引。

"数据二十条"指出"支持浙江等地区和有条件的行业、企业先行先试"，杭州市抢抓政策机遇，积极探索数据要素市场化配置的有效路径。浙江数字化改革和杭州城市大脑建设所积累的丰富数据资源、强大算力支持、先进算法模型以及多样化场景应用，为数据要素市场化配置改革奠定坚实的基础。国家（杭州）新型互联网交换中心、浙江新型算力中心、数据交易所、数据流通交易专网、数据合规流通数字证书、城市级主链、可信数据空间、低成本密文计算中心、数据安全大模型等重点项目建设运营，为数据要素市场化发展提供坚实的数据基础设施支撑。杭州市作为全国"数字经济第一城"和科技创新中心，深刻认识到数据要素市场化配置的紧迫性和重要性，明确提出要加快数据要素市场化配置改革步伐，发挥数据要素创新对数字经济的带动作用，将杭州打造成为数据合规流通成本洼地、数据全产业链聚集地、数据创新应用策源地。

二　实践之路

国家数据局提出，围绕"供得出、流得动、用得好、保安全"，加快构建适应数据要素特征、符合市场规律、契合发展需要的基础制度。杭州市贯彻落实国家数据局要求，高质量推动"数供"，让数据"供得出"；高起点推动"数流"，让数据"流得动"；高效率推动"数用"，让数据"用得好"，高要求推动"数安"，强化数据安全保障；高标准推动"数基"，推进数据基础设施建设。

（一）高质量推动"数供"

公共数据在各类数据要素中的通用性和权威性较强，在社会治理、经济

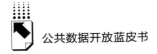

发展等方面的重要性突出。数据要素市场化配置改革中最可能率先落地具体应用的数据类型也是公共数据。杭州市公共数据"供得出"依托一体化智能化公共数据平台，该平台是连接国家、省（区、市）、县（市、区）公共数据平台的重要枢纽，更是"数字新基建"的重要组成部分。近年来，依托该平台汇聚了公共数据606.65亿条（数据统计时间截至2023年底）。

杭州市建立"自动识别、动态更新、应编尽编"的数据编目模式，全市统一标准，对数据实时更新、实时校核，以确保数据的准确性和完整性，实现对公共数据资源的全面覆盖和动态管理。实施数据"全量全要素"归集，按照"有标贯标、无标立标，以标控质、达标入库"原则推进数据治理，从经验管理到循数治理，通过"数据质量"反映工作质量，实现"无数据不场景，无场景不数据"。

在数据归集过程中，优先采用国家部委和省级部门已制定的标准，对于未制定标准的数据，结合公共管理和服务机构的业务需求和共享需求，制定适合本地的数据标准。充分运用数据标准控制数据质量，达到数据标准、满足使用要求的数据方可入库。实施"城市大脑"重大场景数据治理，强化源头常态化数据治理，推进"一数一源一标准"落地，形成数据治理"发现—反馈—修正—共享"闭环管理，探索出一条具有杭州特色的数据供给一般路径。

在此基础上，形成了"数量上有数好用、质量上有好数用"的数据高质量供给模式，逐步构建了人口、法人、信用、电子证照、自然资源和空间地理等基础数据库以及"一老一小""数智宜居""智能交通"等专题库。以医疗健康数据为例，通过37条校验规则对涉及医疗健康相关的26张表224个字段20余亿条数据进行检测，经过治理，数据质量合格率已超过99%。

（二）高起点推动"数流"

杭州数据"流得动"涉及内部数据共享和外部数据开放、公共数据授权运营、数据交易等多个环节，依托"中国数谷"这一核心载体，强化数据知识产权的保护，为数据的顺畅流动提供坚实的保障。

杭州市制定了《公共数据共享工作细则》，以4种方式提供数据共享服务，包括接口调用、批量数据、页面查询和隐私计算，推动"一个数据用到底"。2019年，杭州市上线数据开放平台，并从2020年开始每年举办全球数据资源开发者大赛（WDD）。通过平台开放和大赛引导，积极推动公共数据的合理、有序开放，进一步挖掘数据价值。同时将公共数据开放与授权运营相互融合，在开放平台提供授权运营数据目录，从而实现了数据开放和授权运营的协同联动，便于用户发现、获取和利用公共数据。2023年9月1日，杭州市印发《杭州市公共数据授权运营实施方案（试行）》，构建公共数据授权运营管理体系，明确授权运营单位的准入与退出流程，强化"一场景一清单一审核"制度，建立公共数据授权运营工作议事协调机构，以审议重大事项、统筹协调解决问题，组建由43位安全、技术、合规等领域的专家组成的专家咨询委员会，负责场景、数据申请和方案的审核。

统筹谋划"中国数谷"核心载体。聚焦"中国数谷"为试点示范的数据要素市场化配置改革，打造杭州数字经济二次攀登新引擎、产业转型新地标、制度创新新高地。制定数商高质量发展文件，开展数商认定、发文、授牌，壮大杭州数商群体规模，招引优秀数商在杭设立区域总部、研究机构、专业服务机构。支持有条件的国有企业、互联网平台企业等发展数据业务，成为基石数商企业。

探索实施数据流通沙盒包容机制。杭州市推行数据要素"改革沙盒"，旨在通过构建数据制度空间，为进入"沙盒"的数商企业卸下"思想包袱"，提供包容审慎的必要机制保障。简单来说，就是通过划定一个范围，对入盒企业实行容错纠错机制，杜绝将问题扩散到"盒子"外。"改革沙盒"遵循自愿加入、发展先行、安全可信、合规高效四大原则，力求在流通促进和安全监管、数据的"放管服"之间探索平衡。

（三）高效率推动"数用"

杭州数据"用得好"主要体现在6个方面。

用数辅决策。业务部门借助大数据分析，得以更精准地洞察社会经济发

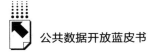

展的动态和规律，从而制定更具科学性、合理性的政策。这些政策涵盖了政务服务优化、老年与儿童安居保障、教育入学指导、社区资源合理配置等多个领域。如在政务服务领域，全面构建"一中心、一平台、一个码、一清单、一类事""五个一"的政务服务"一网通办"体系，实现了从"依申请办事服务"到"增值化服务"的转变。

用数解难题。面对城市发展中遇到的各种难题，杭州充分利用数据资源，通过数据挖掘和分析，找到了解决问题的有效路径。例如，在交通拥堵问题上，杭州通过实时监测交通流量数据，优化交通组织，有效缓解了交通压力。同时，在城市安全运行领域，数据分析也帮助快速预警定位地铁施工、燃气泄漏等风险隐患。

用数惠民生。杭州市积极推动数据资源向民生领域延伸，让广大市民享受数字化带来的便利。例如，在医疗健康领域，通过构建电子健康档案和医学检验检查结果互认机制，实现了医疗资源的共享和优化配置，提高了医疗服务的质量和效率。通过公共数据授权运营，助力健康医疗大模型训练，提升在线问诊质量和效率，解决广大群众在线咨询问诊、求医问药的痛难点问题。

用数促发展。杭州市以国家营商环境创新试点为契机，推进"数智营商"综合场景建设，全面建构杭州 e 投（项目周期一图管理）、杭州 e 办（政务服务一网通办）、杭州 e 融（融资信贷一键授信）、政策 e 享（惠企政策一站直达）、人才 e 服（人才服务一码通服）、企业 e 信（信用联动一体监管）等"6e"系列场景，不断提升杭州的服务力、创新力和发展力。

用数助转型。杭州市正致力于将数据作为推动城市转型升级和产业持续发展的重要动力，激发数据要素乘数效应，在金融服务、商贸流通、交通运输、文化旅游、医疗健康、绿色低碳、生态环境等领域，打造一批"数据要素×"示范场景，培育数据产业，加快数字经济二次攀登。

用数不增负。针对基层表单存在多头报、重复报、更新难的问题，杭州市建设全市统一基层治理全量数据中台，以"一入口、一个库、一张表"为总体框架，整合数据填报入口，建设全量数据仓库，精简数据报表填报，实现"基层数据一次填报,部门报表一库生成"。切实为基层社会治理减负赋能,真正实现"用数不增负"。

(四)高要求推动"数安"

数据安全是数据要素市场化配置改革的首要前提,也是城市运行安全的重要保障,数据安全贯穿数据全生命周期。2023 年 10 月 28 日,杭州亚运会、亚残运会胜利闭幕。面对这一亚运史上规模最大、项目最多、筹办复杂程度最高的亚运会,杭州市全力确保网络数据安全。坚持"网络不断、系统不停、数据不泄、页面不改"的"4 不"目标和"最小化、零信任、必要性"3 个原则。围绕数据全生命周期管理,以人、数据、场景关联管理为核心,着眼于"5 不",即"进不来、拿不走、看不懂、改不了、赖不掉",推动"数据资产可视、数据权限可管、数据风险可控、数据价值可用",探索实践出了一条"保安全"路径。

按照"暴露面最小化、权限最小化"的原则,在互联网出口端口、安全控制策略、远程运维通道、账号密码权限等方面从严管控,通过账号一体化管控,严格控制权限以及数据的分类分级保护措施,让非法访问"进不来"。探索建设"无菌开发空间",将所有接触真实数据的环节都控制在指定空间进行,并进行有效监督。围绕"身份、设备、数据"构建纵深防御体系,严格执行"五规"要求,做到"身份实名化""设备白名化""数据隔离化",有效降低公共数据处理加工过程中的人员管理风险、终端环境风险、网络接入风险、数据加工风险等,让数据"拿不走"。对较敏感数据和敏感数据进行加密、脱敏处理,使得原始数据无法被未经授权的人员理解和识别,防止数据泄露和未授权访问的风险,让数据"看不懂"。利用区块链技术和"两地三中心"数据容灾备份机制,实现数据"改不了"。建设数据分类分级、加密、脱敏、水印、API 监测、态势感知、权限管控等七大安全能力,建立账号安全、主机安全、操作行为、共享安全、日志监测、API 接口脆弱性、API 接口调用风险、综合分析 8 个方面 124 条态势感知规则,让数据安全问题"赖不掉"。

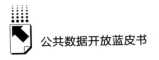
（五）高标准推动"数基"

数据基础设施是让数据"供得出、流得动、用得好"的关键载体，让数据安全可信流通才能实现数据的高效利用。杭州市根据国家数据局要求高标准建设数据资源汇聚治理平台和数据可信流通基础平台。

对内，杭州市建设一体化智能化公共数据平台，作为全市统一的数据资源汇聚治理平台。为全市各部门和机构提供了统一、高效的数据资源共享与治理途径。建设完善基础设施、数据资源、应用支撑、业务应用、政策制度、标准规范、组织保障、政务网络安全"四横四纵"八大体系。推动五个"一体化"，即一体化资源管理，实现对全市数字资源的统一管理和监控，包括数据、应用、组件和云资源等，确保资源的高效利用和优化配置；一体化资源浏览，用户能够一站式浏览和访问全市的数字资源，提高了资源发现和利用的便捷性；一体化资源申请，用户可以一站式申请所需的各种数字资源，简化了申请流程，加快了资源的获取速度；一体化应用生产，推动低代码开发和组件化开发模式，建设了应用工厂，实现了应用的快速开发和部署；一体化平台调度，实现对数字资源和应用的集中调度和管理，确保了资源和应用的协调运行和优化服务。

对外，杭州市以"三数一链"（数据交易所、数据发票、数联网以及区块链跨链互认机制）为基础，构建数据可信流通基础平台。聚焦打造数据流通交易成本洼地。数据交易场所作为合法的数据交易空间，承担数据流通延伸监管和服务功能，破解数据交易监管难问题；数据发票实现数据确权交易全链路纳规纳管的标准化、工具化，破解数据流通全链路合规难问题；数联网作为流通基础设施，为数据供需双方和市场，提供安全高速传输服务；区块链跨链互认机制则利用不可篡改、可溯源等特性，破解数据交易存证互认难问题。"三数一链"的框架体系已在金融、生物医药、多媒体等行业的6个场景中应用，并率先在同花顺的商圈客群洞察、孚临科技涉农普惠金融服务场景中完成应用贯通。

三　观点与思考

杭州市的实践探索可以发现，当前，公共数据共享和开放是数据流通的重要形式，应当以公共数据授权运营撬动数据交易，在交易初期，以提供数据产品和数据服务为宜，给场外交易带来价值是促进从场外转向场内的关键。在定价过程中，成本法、收益法、市场法等方法都有其适用条件和局限性，需要根据资产的特性、市场条件和可获得的数据来选择最合适的评估方法。在重要理论问题没有解决的情况下，实践先行，坚持自上而下与自下而上相结合，按各自事权，共同推进全国统一交易大市场构建，以数据知识产权撬动数据资源化、资产化，探索价值化，以数字贸易带动数据跨境流通，同时还要注重数据标准的制定及源头贯标。

B.12
济南市构建"汇治用"数据资源体系，打造安全高效的数据开放生态

张　熙[*]

摘　要： 济南市高位推动、高标准谋划数据开放工作，加强数据开放立法，建立数据官制度，形成数字资源"一本账"，推进公共数据"应汇尽汇"，并构建数据开放常态化保障机制。创新打造"综合授权+分领域授权"的公共数据授权运营模式，依托"泉城链"平台，实现敏感数据精准授权开放。

关键词： 数据官　综合授权　分领域授权　精准授权　常态化开放机制

济南市深化公共数据"汇治用"体系建设，在谋划组织、平台提升、汇聚治理、创新应用和价值化实现方面持续发力，安全高效的数据开放生态日益完善。

一　顶层设计、顶层推动，打造一流的数字先锋城市

一是高规格组织。济南市委、市政府高度重视数字济南建设，将数字济南建设列为"一把手"工程，成立数字济南建设领导小组，由市委书记、市长任双组长，统筹领导全市数字济南建设。成立综合协调、数字机关、数字政府、数字经济、数字社会、城市安全运行、政务服务7个工作专班，具

---

* 张熙，博士，济南市大数据局党组书记、局长。

体负责相关领域数字化建设任务，整体构建了领导小组统筹、各级各部门协同、全社会参与的工作推进机制，高位推动、强力推进各项任务落实。2022年以来，连续两年召开数字济南建设推进大会，市四大班子领导全部参会，大会规格高、规模大，各类新闻媒体争相报道，引发广泛关注。

二是高标准谋划。按照"一年夯实基础、两年重点突破、三年全面提升、四年示范引领"的总体安排，印发《关于加快数字济南建设的意见》和数字机关、数字政府、数字经济、数字社会以及城市安全运行等专项方案，全方位一体化推动重大专项体系建设，形成了全市"1+4+N"政策体系，为数字济南建设提供了路线图、施工图。"1"即围绕推进数字济南建设，制定了加快数字济南建设的意见，明确了总体部署，目标是打造全省领跑、全国一流的数字城市，率先建成数字先锋城市。"4"是推进数字机关、数字政府、数字经济、数字社会建设，这也是数字济南建设的四大核心领域。"N"是由数字纪检、数字组工、数字法治、数字统战、数智警务等相关重大专项体系建设构成的开放式应用场景体系。

三是高水平落实。在政府部门普遍建立数据官制度，构建完善"首席数据官—数据执行官—数据官—数据专员—数据联络员"工作体系。2024年机构改革中，19个市直部门设立"数字化建设推进处"，部门"三定"方案明确其承担数据治理、数据汇聚、共享开放等工作任务，全市数据治理工作力量进一步夯实。强化督查调度，数字济南建设实施挂图作战，分年度制定建设工作台账，建立旬报制度，将数字济南各项工作任务纳入市委、市政府重点督查内容，开展专项督查。数字济南建设纳入全市高质量发展综合绩效考核体系，发挥考核"指挥棒"作用，确保干一件、成一件。

二　全量汇聚、按需治理，构建一体化数据资源体系

一是创新开展数字化诊断。济南市针对数字资源"家底"不清、应用低水平重复建设、资源流通不畅、配置效率不高、应用绩效指标难量化等问题，于2023年开展了全市数字化诊断工作。研究建立三级诊断指标体系，

确定 39 项观测点，重点围绕组织管理、系统建设、数据资源、政务服务、决策支撑 5 个方面 10 类情况，对 50 个市直部门进行全方位诊断分析，出具数字化提升诊断书 41 份，提出整改提升意见 385 条。构建诊断—问题—整改管理闭环，全面提升全市数字化水平。

二是形成数字资源一本账。围绕政务信息系统的资源、项目、安全、厂商、效能等九大类 93 项要素对系统相关内容进行梳理，重点摸清"应用系统—信息化项目—云网数资源"关系，聚焦系统关联的数据、组件、视频、AI 算法、GIS 图层 5 种资源，汇总形成应用信息、项目清单、使用云网资源清单、数据资源清单等 13 张数字资源清单，构建形成全市数字资源一本账。

三是全量汇聚全市政务数据。制定济南市政务元数据规范，建立元数据探查系统，200 个政务信息系统实现元数据自动探查。采取"业务从库"和"部门分平台"2 种模式，7 个部门建立了部门分平台，其他部门将数据全量汇聚至市大数据平台。截至 2024 年 8 月，市大数据平台已经累计归集 4.2 万个数据库表 48.3 万个数据项 417 亿条数据。

三 制度先行、常态推进，开放成效日益显著

一是政策法规有效保障。2020 年，济南市出台全省首个公共数据专门立法文件《济南市公共数据管理办法》，明确了数据资源汇集治理、共享开放和开发利用相关要求。2021 年，制定印发了《济南市数据资源登记和流通试行办法》，率先开展数据资源"确权"登记，促进数据资源市场化流通。2023 年，出台《济南市公共数据授权运营办法》。2024 年，将《济南市公共数据开放利用办法》列入市政府立法计划。

二是常态化做好数据开放工作。坚持问题导向，定期编制《数据开放"数林指数"问题整改清单》，从准备度、服务层、数据层、利用层 4 个层面不断提升数据开放成效。贯彻需求导向，围绕经济社会发展情况明确数据开放重点，按月度编制《市直部门（单位）开放清单》和《市直部门（单位）更新清单》，督促各部门开放数据。截至 2024 年 4 月，共向社会开放

3654 个数据目录 2.7 万个数据项 23.1 亿条数据，数据容量超过 100 亿。

三是积极推进授权运营。构建全市统一的公共数据授权运营平台，实现数据运营统一监管，数据产品统一交付，数据治理统一平台。目前，济南市已有 6 家运营方开展试点运营，在健康医疗、金融、信用等领域开展场景应用，呈现以下 3 个特点。第一，多种授权方式并存。提出了全国首创的"大数据主管部门进行综合授权""数据提供单位进行分领域授权"的授权方式，充分调动部门积极性。第二，多个数据运营商参与。通过发布公告向社会公开遴选运营单位，激发市场活力。第三，运维与运营分离，委托第三方机构维护运营平台，该第三方机构在负责运营维护期间不得申报运营单位，维护市场公平有序。

四是场景探索成效显著。在重点开放场景打造方面，2020 年，建设全市统一的政务区块链平台——"泉城链"，首创"政府数据上链+个人链上授权+社会链上使用+全程追溯监管"的政务数据精准授权开放新模式，并在金融领域推进政务数据开放赋能，助力银行普惠金融服务。"泉城链"普惠金融应用上线 3 年来，已累计发放贷款 41.5 万笔，实现授信 536.5 亿元，涉及企业 16140 户。2022 年，建设全国首个大数据保险服务云平台——"政保通"数据服务平台，授权推动各类公共数据在商业保险领域开放应用，彻底消除政保之间的数据壁垒，全方位赋能保险业数字化转型。该平台上线运营以来已经与 10 家主流保险机构的业务系统对接，完成行业服务超 95 万件，实现商业健康保险赔付金额逾 28 亿元。

B.13
日照市公共数据开放的探索与实践

张　敏　封飞虎　邓　莉　吕长起　刘玉玺*

摘　要： 日照市高度重视大数据工作，强化顶层设计，出台《日照市公共数据管理办法》等制度法规；加强平台管理，积极协调用户数据需求并公开回复，推动建立完善的互动反馈机制；夯实数字底座，扩大数据开放范围，组织公共数据归集专项行动；赋能场景打造，组织数据开放创新应用赛事活动，建设数据开放创新应用实验室；探索推进数据流通交易，建成运行山东数据交易（日照）平台，完成全省社会数据产品首次入场交易。

关键词： 公共数据开放　数据归集　创新实验室　数据资产　入场交易

　　山东省日照市位于鲁东南地区，现辖2个区、2个县、3个功能区，分别是东港区、岚山区、莒县、五莲县、日照经济技术开发区、日照高新区和山海天旅游度假区。近年来，日照市积极拥抱数字化发展，坚持数字政府、数字经济、数字社会一体化推进，高度重视公共数据开放工作，并采取了一系列举措来推动数据开放和应用。在中国地方政府"数林指数"评估中，日照市公共数据开放水平逐年提升。

* 张敏，日照市大数据局党组成员、副局长；封飞虎，日照市大数据发展服务中心副主任，正高级工程师；邓莉，日照市大数据发展服务中心工程师；吕长起，日照市大数据发展服务中心数据资源部部长；刘玉玺，日照市大数据发展服务中心工程师。

一 注重顶层设计，完善政策法规体系

日照市委、市政府高度重视大数据工作，不断强化顶层设计，完善政策制度保障，高规格推动包括数据资源体系建设在内的各项工作，编制规划、实施意见、工作方案等一揽子政策文件，确保方向正确、路径科学。市委、市政府主要领导多次作出指示批示、听取专题汇报，分管市领导每月听取相关工作情况汇报，推动数字变革创新稳步推进、不断深化，将数据开放工作写入政府工作报告。

2018 年 12 月 28 日，日照市大数据发展局挂牌成立，主要负责贯彻执行大数据相关法律法规和方针政策，起草有关规范性文件，统筹云网和大数据基础设施建设，统筹全市数据资源管理，推动全市电子政务工作等。市大数据发展局作为专门机构推动数据资源采集汇聚，完善市级政务信息资源共享交换平台和公共数据资源开放平台，促进政务、民生、产业领域各类数据资源共享开放。

2022 年 9 月 30 日，日照市出台《日照市公共数据管理办法》，从制度层面明确数据汇聚、共享、开放、应用等方面的工作要求，为推动公共数据安全有序开放，结合上位法规定和日照市工作实践，设置了公共数据开放专门章节，确定数据开放原则、方式、优先开放领域、安全管理措施等。每年发布《全市大数据工作要点》《日照市数字强市行动计划》等相关文件，统筹谋划全年数据资源管理等工作。此外，积极落实《山东省公共数据开放办法》《山东省公共数据开放工作细则（试行）》等政策法规及《公共数据开放 元数据规范》《公共数据开放 数据展示规范》等省级统一标准规范，确保公共数据的开放和利用能够高效、安全、有序进行。

二 强化平台建设，提升支撑服务水平

省级统一推动开放平台门户网站建设，日照市通过日照公共数据开放网

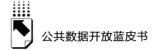

统一开放各类公共数据，网站为山东公共数据开放网子门户，由日照市大数据发展局负责日常管理维护。根据山东公共数据开放网统一设计，市级网站分为首页、数据目录、数据服务、数据应用、互动交流等模块，用户可根据需要进行相关资讯查看和数据查询下载。平台所有数据目录可按照提供单位、领域、格式、开放类型、目录名称进行筛选，各个数据目录可进行基本信息、相关数据项的查看和多种格式数据的下载，无条件开放的数据集无需注册登录，可直接下载使用。

市级进一步完善平台功能模块，提升用户使用体验，新增数据资源开放需求征集、数据创新大赛作品征集、申请公示、历史数据集等模块，及时更新政策法规、专题讲话、新闻动态等内容，积极协调用户数据需求并公开回复，推动建立完善的互动反馈机制，2023年，共回复36人次，主要涉及数据需求审核、用户咨询、数据纠错等，其中，被申请的数据大部分用于学术研究及毕业论文撰写。同时，为保障用户无障碍使用相关数据资源，99.9%的数据目录提供表格形式资源供下载使用；发布《日照市公共数据开放技术规范》《开放平台接口服务调用指南》等文件，进一步指导用户快速有效获取数据。

三　夯实数字底座，推动数据量质提升

扩大数据开放范围，组织公共数据归集专项行动，以"开放为原则、不开放为例外"推动相关部门单位数据向社会开放，并积极引导社会组织、企业参与。通过电话函件沟通、现场对接等方式推进重点领域优质数据集开放，实地走访教育、交通、环保、卫健等单位，征求部门单位对数据开放的意见建议，指导其运用平台进行开放数据上传等操作，现已开放各县（市、区）共75个部门单位的3514个数据目录，数据量达10.9亿条，覆盖企业注册登记、交通出行、教育科技、文化休闲、社会救助等各领域。

提升开放数据质量，定期对已开放的数据进行检测，排查无效、高缺失、低容量、碎片化等数据质量问题，及时整改或下架不合格数据集，保障数据格式完整规范、内容真实准确。同时，做好数据开放前的安全检查，开

放后的监测分析，对包含敏感信息的数据集进行脱敏，使得向公众开放的公共数据不包括身份证号码、手机号、家庭住址等信息，保护个人隐私数据。

四　充分运用载体，赋能创新应用场景打造

组织数据开放创新应用赛事活动。成功举办山东省第二届数据应用创新创业大赛日照分赛场赛事，该赛事于 2020 年 12 月启动，累计参赛 1515 人，参赛队伍 1289 支，算法赛提交作品 12846 个，创意赛提交作品 23 个，算法赛、创意赛提交作品数量均在全省各赛场中居首位。成功举办山东省第三届数据应用创新创业大赛日照分赛场赛事，赛事面向全国高校、企事业单位、科研院所，国内外大数据爱好者和团队，广泛征集优秀方案作品，共有 306 名选手组成的 230 支团队参赛，提交作品 1357 个。鼓励赛事活动优秀作品上传日照公共数据开放网展示，并以大赛为契机，进一步加大数据整合、共享、开放力度，以应用场景为驱动，激发数据创新活力，营造数据应用生态。

建设数据开放创新应用实验室。2023 年 6 月，印发《关于开展 2023 年度日照市数据开放创新应用实验室申报的通知》，共评出 7 家市级数据创新应用实验室。2022 年起，组织 3 批次省级数据创新实验室申报工作，天颺力（山东）卫星技术有限公司等 10 家企事业单位在遥感数据分析和应用、公共事业服务数据汇聚和业务融合、社会治理、数字政府等领域获批省级数据开放创新应用实验室，进一步推动公共数据的高质量开放与创新应用，促进了创新示范引领。

按照省级安排部署，推动 AED（自动体外除颤器）急救设备电子地图上线工作。协同卫健委、AED 急救设备厂商等开展 AED 急救设备数据采集、治理工作，目前，日照市 100 台 AED 急救设备数据已经通过接口方式和省平台完成对接，并能够在腾讯地图等互联网平台企业电子地图上呈现，包含位置、状态、维护记录等信息，公众可快速、准确定位附近的 AED 急救设备并使用地图导航功能快速找到设备。

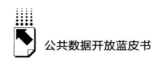

五　积极抢抓机遇，探索推进数据流通交易

（一）推动公共数据授权使用

在日照市"一人一档"应用平台基础上，在"爱山东"App 日照分厅设置"我的数据资产"栏目，对群众办事所需电子证照、电子证明及其他结构化政务数据进行全面梳理、细致分类，打造了个人全生命周期数字档案，形成随时随地可看可用的"个人掌上数据库"，目前已开放 36 项数据资产，涉及字段 400 余个，数据流转过程中充分运用区块链技术，提升数据安全防护、追踪溯源等能力，防范未经授权擅自调用、留存数据等行为，切实保障数据在流转过程中合法合规使用，保护群众个人隐私，群众可实现个人政务数据"领""管""看""用""纠"。

"我的数据资产"在全市探索将政府部门掌握的部分公共数据向本人定向开放，自己的档案自己看，改变了原本这些数据自己不能看、不能用的状况，确保数据主体能够充分享受自己的数据权益。个人可以通过一部手机随时随地浏览自己各个属性的数据情况。同时创新数据治理的新路径，打破传统自上而下的治理逻辑，针对部分与生活密切相关的常用数据变动快、缺失多、易出错的情况，让广大市民轻松实现数据纠错、掌上办理。在这期间用户可在"纠错进度"查看问题数据处理进度和处理结果。

另外，数据也可以由第三方机构授权调用，利用区块链技术建立数据授权"可信通道"，由数据所有权人决定自己的数据资产授权给哪些机构在哪些场景进行共享应用，并由作为数据持有方的政府部门对数据流转全过程进行监管，保证数据依法合规共享交换，让数据资源充分流动，发挥价值。

（二）探索公共数据授权运营

推动社会数据产品入场交易。2023 年 12 月 20 日，山东数据交易（日照）平台正式建成运行，日照银行等企业通过平台完成首批 3 笔数据产品入场交易，交易金额为 439.39 万元。此次交易是全省社会数据产品首次入场交易并产生实际交易额，标志着日照市在数据要素市场建设中迈出突破性一步，并探索出了一条数据交易流通的可行路径，可为数据供需双方提供数据交易基础设施、合规审查、产品登记、撮合交易等一系列服务，初步培育出日照市自己的数据商和第三方服务机构，数据要素市场生态链条正在形成。此外，积极推动数据资产入表实践，自 2024 年 1 月财政部《企业数据资源相关会计处理暂行规定》正式实施以来，数字日照有限公司等公司积极探索数据资产管理工作，完成基于数字日照有限公司的项目化运营管理系统的数据资产入表工作。

组织数据要素相关培训。2024 年 1 月 15 日，组织召开全市数据要素价值化暨数据资产入表专题培训会议。会议就数据要素价值化暨数据资产入表相关工作进行了动员，并邀请相关领域专家以"数据要素价值化""数据资产化实践路径""企业数据资产入表的探索和实践"为主题，重点围绕数据价值化、数据要素市场、数据资产、数据资产入表、数据资产估值等方面相关的探索和实践路径开展业务专题培训。2024 年 4 月 13 日，举行全市"数据要素治理与高质量发展"专题培训，邀请相关领域专家围绕"数字中国战略与数据要素治理"开展专题授课。

开展数据要素主题交流。2024 年 1 月 30 日，组织召开"'数据要素×'主题交流会"，重点围绕数据价值化、数据要素市场、数据应用等方面相关的探索和实践路径开展培训和交流。会上各领域专家分别围绕场景应用驱动数据高效流通、数据要素与数据安全等主题作了交流。相关企业分享了数据创新应用方面的探索与实践。主题交流活动强化了政企互动，交流了经验做法，激发了企业的积极性、主动性和创造性。

Abstract

Annual Report on Open Public Data in China (*2024*) is based on the basic concepts and principles of open data, the policy requirements and local practices of China government open data, the experiences of the international open data assessment framework, in order to build a systematic, comprehensive and operable local government open data assessment framework, including four key dimensions: Readiness, Service, Data and Use, with multiple sub-indicators under each dimension. Compared with 2023, the index system has expanded the assessment object from "government data" to "public data"; incorporated local explorations and achievements in public authorized operations into the assessment content; renamed Platform to Service to emphasize the continued operation and effective services of data openness and the authorized operation platform; strengthened demand-driven and utilization-oriented; increased the assessment of public governance/public welfare service data; refined the assessment of data quality; focused on inclusiveness. Based on the index system, the blue paper focuses on the development and utilization of public data, and has completed a series of publications such as provincial reports, city reports, sub-dimension reports to reflect the current overall situation of public data development and utilization in China.

The general report finds that the number of local platforms has increased year by year, showing a trend of continuous expansion from southeast to the central and western and northeastern regions of China. Judging from the practices of public data authorization operations, some places have actively explored authorization operations and issued relevant laws, regulations and policy documents, and a few places have also launched public data authorization operation platforms.

The sub-dimension reports not only analyze the specific performance of local governments in various indicator dimensions, but also display benchmark cases to provide reference for local governments. The Readiness report assesses three first-level indicators such as laws and policies, standards and specifications, and organizational promotion. The report finds that most local governments have a good foundation in organizational guarantees, and more and more places have included data openness in their normal work tasks. Some places have issued local government regulations and local standards specifically for data openness. However, nationwide regulations and policies are not comprehensive enough in content, and standards and regulations are generally weak. The Service report assesses four first-level indicators such as platform system, functional operation, rights protection and user experience. The report finds that most local platforms have made significant progress in functional construction, and the direction that needs to be improved in the future is to provide high-quality and continuous services around user experience. The Data report assesses four first-level indicators such as data quantity, open scope, data quality and security protection. The report finds that the overall openness level of the country has improved at the data level, and the operational level has started. However, the quality of opening key datasets is still insufficient, especially the opening of high-demand, high-capacity datasets and corresponding data items. At the same time, there are also shortcomings in the corresponding specifications to help users understand the data. The Use report assesses five first-level indicators such as use promotion, diversity of data applications, quantity of data applications, quality of data applications, and value of data applications The report finds that most places have successively carried out various types of utilization promotion activities. Great progress has been made in terms of the quantity and quality of results, but further improvement is needed in terms of utilization diversity and releasing multiple values.

The practice sharing section shares the practical experience and cutting-edge exploration in the development and utilization of public data in Zhejiang Province, Shandong Province, Fujian Province, Shanghai City, Hangzhou City, Jinan City, Rizhao City to provide reference for local governments. Zhejiang Province

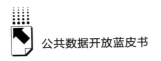

continues to consolidate the foundation of the integrated public data platform, build a unified catalog, carry out normalized data governance, and consolidate data security capabilities to improve the level of high-quality public data supply. Shandong Province has comprehensively improved the province's public data openness level by focusing on building a legal and regulatory system, improving data service capabilities, and promoting data development and utilization. Fujian Province has accelerated the implementation of data application scenarios, released the potential of data elements, and promoted high-quality development of the digital economy through innovative policies, building an operating system, improving platform support systems, establishing a rapid review mechanism and paid service mechanism for public data development and utilization, and stimulating industry data collection and supply. Shanghai has carried out practical explorations in enhancing the inclusiveness of public data openness, building joint big data innovation laboratories, and optimizing and upgrading data infrastructure. Hangzhou has carried out practice in the reform of market-oriented allocation of data elements, and pointed out that the reform of market-oriented allocation of data elements is a key measure to promote high-quality development in the digital economy era. Jinan City has built a "collective governance" data resource system by strengthening data open legislation, establishing a data officer system, and forming a "one ledger" for digital resources, creating a safe and efficient data open ecosystem, and innovatively creating a "comprehensive authorization + specialized authorization" public data authorization operation model. Rizhao City promotes the open utilization of public data by strengthening top-level design, strengthening platform management, consolidating the digital base, creating enabling scenarios, and exploring and promoting data circulation and transactions.

Keywords: Public Data; Data Development and Utilization; Authorized Operation; China Open Data Index

Contents

I General Report

Abstract: This report describes the assessment framework, data collection and analysis methods, and indicator calculation method of China Public Data Openness and Utilization Provincial Index in 2024. The report shows that up to August 2023, 226 provincial and city governments in China have open data platforms in service, including 22 provincial platforms (including provinces and autonomous regions, excluding municipalities, Hong Kong, Macao and Taiwan) and 204 city platforms (including directly administered municipalities, sub provincial and prefecture level administrative regions). Compared with October 2022, 1 new provincial platform and 17 city platforms have been added. Since the first provincial platform was launched in 2015, the number of provincial platforms has increased year by year, showing a trend of continuous expansion from the southeastern region to the central, western and northeastern regions. Zhejiang and Shandong provinces performed best overall. In the four key dimensions, Zhejiang province ranks first in Readiness, Data and Use dimension, and Guizhou province ranks first in Service. The report also reflects a place's continuous level of open data in 2020−2023 through the four-year cumulative score.

Keywords: Public Data; Province; Open Data Index; Data Openness and Utilization

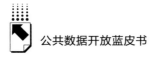
B . 2   China Open Public Data City Report（2024）

Liu Xinping , Zheng Lei , Lü Wenzeng and Zhang Xinlu / 040

Abstract：This report describes the assessment framework, data collection and analysis methods, and indicator calculation method of China Public Data Openness and Utilization City Index in 2024, evaluating 204 cities across the country that have launched open data platforms. The report shows that Hangzhou and Dezhou have the best overall performance. In the four key dimensions, Shanghai ranks first in Readiness and Use dimensions, and Hangzhou ranks first in Service and Data dimensions. The report uses a four-year cumulative score of "Odympic" to reflect a place's continuous level of open data in the past four years （2020−2023）.

Keywords：Public Data；City；Open Data Index；Data Openness and Utilization

Ⅱ   Dimensions Reports

B . 3   Readiness Analysis of Open Public Data（2024）

Jiang Jiayu , Liu Xinping / 068

Abstract：Readiness is the foundation of government data openness work. The indicator system for Readiness in the evaluation of China Open Public Data includes three first-level indicators：laws and policies, standards and specifications, and organizational promotion. Based on this indicator system, this report evaluates the current status and level of local government data openness readiness. Descriptive statistics and text analysis methods are used to study relevant laws and regulations, policies, standards and specifications, annual plans and programs, news reports, etc. On this basis, benchmark cases from various regions are recommended. Overall, most local governments have a solid foundation in organizational support, and more and more regions have included data openness work in regular work tasks. Some regions have issued local government regulations and local standards specifically for data openness. However, the content of laws and policies across the country is not comprehensive enough, and the standards and specifications are generally weak.

Keywords: Laws and Policies; Standards and Specifications; Organizational Promotion; Open Data; Authorization Operation

B.4　Service Analysis of Open Public Data （2024）

Zhang Hong / 087

Abstract: The comprehensive openness and effective utilization of public data are heavily reliant on high-quality platform construction and service operation. The full openness and effective utilization of public data are inseparable from high-quality platform construction and service operations. This evaluation officially redefines the previous Platform dimension as a Service dimension, aiming to highlight the service attributes of the platform while weakening the focus on the construction of technical functions. It emphasizes that all platform function construction, operation and maintenance should ultimately fall on the actual service experience of users obtaining or utilizing data. The indicator system for Service in the evaluation of China public data openness includes four first-level indicators: platform system, functional operation, rights protection, and user experience. Based on the new indicator system, this report primarily assesses the services provided by various local open data platforms and authorized operation platforms through a combination of manual observation, testing, and experience. It also introduces outstanding cases or overall situations of each indicator for reference. The results show that most local open data platforms have made significant progress in function construction, and the direction that needs to be improved in the future is to provide high-quality and continuous services around user experience.

Keywords: Open Public Data; Open Data Platform; Function Construction; Operation and Maintenance; User Experience

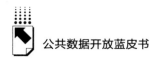

B.5 Data Analysis of Open Public Data（2024）

Lü Wenzeng / 109

Abstract：The quantity and quality of data are important parts of the evaluation of the effectiveness of government public data openness. The indicator system of Data dimension includes four first-level indicators：data quantity, open scope, data quality, and security protection. Among them, the indicator system for provinces focuses on the integration and coordination of prefecture-level and municipal data by the provincial government, as well as the empowering effect of the data opening and operation of the prefecture-level cities under its jurisdiction, while the indicator system for cities focuses more on evaluating the data itself. Based on this indicator system, the report uses machines to automatically capture and process the open data on public data open platforms and data catalogs of authorized operation platforms of local governments, and collects relevant assessment indicator data for statistical analysis by combining with manual observation and verification. The report provides a comprehensive assessment of the open and operational data in various regions and introduces the assessment methodology of each indicator, the overall situation in the country, and outstanding cases for reference by various regions. The report finds that the overall level of openness at the data level across the country has improved, and the level of data operation has already started. However, the quality of openness of key datasets is still insufficient, especially the openness of high-demand and high-capacity datasets and the corresponding data items, and there are shortcomings in the corresponding specifications to help users understand the data. Finally, the report suggests that local governments should focus on improving the capacity of individual open datasets, continuously expanding the scope of open and operational data based on social needs and ensuring security, improving data quality, and maintaining a stable update frequency.

Keywords：Data Quantity；Open Scope；Data Quality；Security Protection；Data Operation

B.6 Use Analysis of Open Public Data（2024）

Abstract：Data utilization is the terminal link to demonstrate the effectiveness of public data openness. The indicator system for Use dimension in the evaluation of China Open Public Data includes five first-level indicators：use promotion, diversity of data applications, quantity of data applications, quality of data applications, and value of data applications. Among them, the indicator system for provinces pays more attention to the provincial coordination and the cooperation among provinces and cities, while the indicator system for cities emphasizes achievement and value release. Based on the indicator system, this report obtains research data through Internet retrieval, open data platform collection, observer experience and so on. It assesses the current utilization status of open data in various places, and recommends outstanding cases for each indicator. On the whole, many regions have successively carried out various types of utilization promotion activities, and have made significant progress in terms of the quantity and quality of data applications. However, further improvements are needed in diversity of data applications and releasing multiple values.

Keywords：Public Data；Open Data；Authorized Operation；Data Utilization；Data Applications；Value Release

Ⅲ Local Experiences Reports

B.7 Open Public Data and Authorized Operation Practical Innovation in Zhejiang Province

Abstract：As a pioneer in public data openness, Zhejiang Province continues to consolidate the foundation of an integrated public data platform and improves the high-quality supply of public data by building a unified catalog,

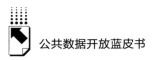

carrying out normalized data governance, and consolidating data security capabilities. Zhejiang province has gradually improve the quality and coverage of public data and steadily improve the level of open utilization, deepened the authorized operation of public data based on scenarios, promoted data empowerment in all walks of life through data element competitions, continuously improved the efficiency of releasing the value of public data, and continued to build a healthy ecosystem that can not only ensure the safe supply of public data, but also effectively promote the openness and utilization of public data.

Keywords: Open data; Public Data; Data Elements; Zhejiang Province

B.8 Open Public Data Work Practices in Shandong Province

Su Yi, Zheng Yan, Guo Yuqing, Zhao Yixin,

Wang Qian and Wang Xinming / 186

Abstract: In order to promote the safe and orderly opening and utilization of public data, Shandong Province has comprehensively improved the province's public data openness level by focusing on "building a legal regulatory system, improving data service capabilities, and promoting data utilization". In terms of building a legal standard system, Shandong Province has built a comprehensive and multi-field data openness policy and regulation system to promote the standardization process of data openness in the province. In terms of improving data service capabilities, Shandong Province has clarified data catalog specifications and data quality and security requirements, and gradually expanded the scope of data openness, to ensure the continuous supply of data, while improving the open platform functions and enhancing the platform's data service support capabilities. In terms of promoting data development and utilization, Shandong Province has continuously hold data application competitions or selection activities, promoted the integrated application of public data and social data, and actively explored the authorized operation of public data around health care, oceans, geospatial and other fields, and achieve good results.

Keywords: Open Public Data; Data Authorized Operation; Shandong Province

B.9   Public Data Development and Utilization Work Report in

Fujian Province

Song Zhigang , Xu Weiming , Li Zhe , Tu Ping ,

Liu Minjie and Wang Jianjun / 191

Abstract: As a pioneer in the construction of Digital China, Fujian Province has made positive progress and remarkable results in the development and utilization of public data. Through innovative policies, Fujian Province has realized the full aggregation, integrated management and shared application of public data. Fujian Province has built an operation system, Innovated the hierarchical development model of public data resources, cultivated diversified service teams, explored innovative application scenarios, and released the potential of data elements. It has continuously improved the platform support system, improved the quality of data resources, and ensured the efficiency of data sharing. At the same time, it has continued to strengthen data security protection to ensure safe and controllable data development and utilization. In order to speed up the implementation of data application scenarios, Fujian Province has established a rapid review mechanism for the development and utilization of public data, explored a paid service mechanism for public data, built a data trading system, and carried out pilot market reform of data elements in many places. In addition, several measures were released to encourage industry data collection and supply, improve data quality, provide accurate and efficient data support for various industries, and promote high-quality development of the digital economy.

Keywords: Public Data; Development and Utilization; Fujian Province

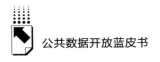
B.10　Shanghai City Accelerates the In-depth Development
and Utilization of Public Data with Public Attributes
as the Core

Xue Wei / 199

Abstract: With the establishment of the National Data Bureau and the drive of the action plan, the development and utilization process of public data has been significantly accelerated, and a series of groundbreaking practical cases have emerged. This report systematically outlines Shanghai's practical exploration in the field of public data development and utilization, and sorts out three key actions to enhance the inclusiveness of public data openness, build a big data joint innovation laboratory, and optimize and upgrade data infrastructure. On the basis of this summary, key research focuses are analyzed such as the reasonable boundaries of public data definition, the limitations of regional supply and demand structure, the fair guarantee mechanism for authorized operations, the reasonable feedback path of income distribution, and the strategic application of government-enterprise data integration innovation. This report puts forward comprehensive strategic suggestions to strengthen the construction of basic systems, promote the prosperity of data business ecology, and accelerate the improvement of secure and trustworthy data infrastructure, providing a broader and sustainable theoretical and practical framework for the in-depth development and utilization of public data.

Keywords: Open Public Data; Data Sharing Mechanism; Regional Coordinated Development

B.11　Practice and Reflections on the Market-Oriented
Allocation Reform of Data Elements in Hangzhou City

Hangzhou Data Resources Management Bureau / 204

Abstract: The market-oriented allocation of data elements is an advanced exploration of public data openness. Data assets are the core elements of new productivity. The reform of market-oriented allocation of data elements is a key measure to promote high-quality development in the digital economy era. It has far-reaching strategic significance for improving national competitiveness and promoting comprehensive social and economic progress. This report puts forward several major points of view based on Hangzhou's practice of market-oriented allocation reform of data elements, hoping to provide reference for the promotion of market-oriented data elements in various places.

Keywords: Data Elements; "Data Supply"; "Data Flow"; "Data Use"; "Data Security"; "Data Base"; Hangzhou

B.12 Jinan City Builds a "Collection-governance-utilization" Data Resource System to Create a Safe and Efficient Data Open Ecosystem

Zhang Xi / 212

Abstract: Jinan City promotes and plans high-standard data openness work, strengthens data openness legislation, establishes a data officer system, forms a "one ledger" for digital resources, promotes the "acquisition of all required public data", and establishes a normalized guarantee mechanism for data openness. It innovates and creates a "comprehensive authorization + field-specific authorization" public data authorized operation model, relying on the "Quancheng Chain" platform to achieve precise authorization and opening of sensitive data.

Keywords: Data Officer; Comprehensive Authorization; Field-specific Authorization; Precise Authorization; Normalized Open Mechanism

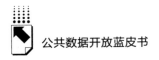

B.13 Exploration and Practice of Public Data Opening in Rizhao

Zhang Min, Feng Feihu, Deng Li, Lü Changqi and Liu Yuxi / 216

Abstract: Rizhao City has attached great importance to big data work, strengthened top-level design, and issued the "Rizhao City Public Data Management Measures" and other institutions and regulations. It has strengthened platform management, actively coordinated user data needs and publicly responds, promoted the establishment of a complete interactive feedback mechanism. Rizhao has consolidated the digital base, expanded the scope of data openness, and organized special actions for public data collection. Besides, Rizhao has created enabling scenarios, organized data open innovation application competitions, and built data open innovation application laboratories. And it has also explored and promoted data circulation transactions, built and operated Shandong Data Exchange (Rizhao) platform, completing the first entry transaction of the province's social data products.

Keywords: Open Public Data; Data Aggregation; Innovation Laboratory; Data Assets; Entry Transactions

权威报告·连续出版·独家资源

皮书数据库
ANNUAL REPORT(YEARBOOK)
DATABASE

分析解读当下中国发展变迁的高端智库平台

所获荣誉

- 2022年，入选技术赋能"新闻+"推荐案例
- 2020年，入选全国新闻出版深度融合发展创新案例
- 2019年，入选国家新闻出版署数字出版精品遴选推荐计划
- 2016年，入选"十三五"国家重点电子出版物出版规划骨干工程
- 2013年，荣获"中国出版政府奖·网络出版物奖"提名奖

皮书数据库

"社科数托邦"
微信公众号

成为用户

登录网址www.pishu.com.cn访问皮书数据库网站或下载皮书数据库APP，通过手机号码验证或邮箱验证即可成为皮书数据库用户。

用户福利

- 已注册用户购书后可免费获赠100元皮书数据库充值卡。刮开充值卡涂层获取充值密码，登录并进入"会员中心"—"在线充值"—"充值卡充值"，充值成功即可购买和查看数据库内容。
- 用户福利最终解释权归社会科学文献出版社所有。

数据库服务热线：010-59367265
数据库服务QQ：2475522410
数据库服务邮箱：database@ssap.cn
图书销售热线：010-59367070/7028
图书服务QQ：1265056568
图书服务邮箱：duzhe@ssap.cn

社会科学文献出版社 皮书系列
SOCIAL SCIENCES ACADEMIC PRESS (CHINA)
卡号：783634817373
密码：

S 基本子库
UB DATABASE

中国社会发展数据库（下设 12 个专题子库）

紧扣人口、政治、外交、法律、教育、医疗卫生、资源环境等 12 个社会发展领域的前沿和热点，全面整合专业著作、智库报告、学术资讯、调研数据等类型资源，帮助用户追踪中国社会发展动态、研究社会发展战略与政策、了解社会热点问题、分析社会发展趋势。

中国经济发展数据库（下设 12 专题子库）

内容涵盖宏观经济、产业经济、工业经济、农业经济、财政金融、房地产经济、城市经济、商业贸易等 12 个重点经济领域，为把握经济运行态势、洞察经济发展规律、研判经济发展趋势、进行经济调控决策提供参考和依据。

中国行业发展数据库（下设 17 个专题子库）

以中国国民经济行业分类为依据，覆盖金融业、旅游业、交通运输业、能源矿产业、制造业等 100 多个行业，跟踪分析国民经济相关行业市场运行状况和政策导向，汇集行业发展前沿资讯，为投资、从业及各种经济决策提供理论支撑和实践指导。

中国区域发展数据库（下设 4 个专题子库）

对中国特定区域内的经济、社会、文化等领域现状与发展情况进行深度分析和预测，涉及省级行政区、城市群、城市、农村等不同维度，研究层级至县及县以下行政区，为学者研究地方经济社会宏观态势、经验模式、发展案例提供支撑，为地方政府决策提供参考。

中国文化传媒数据库（下设 18 个专题子库）

内容覆盖文化产业、新闻传播、电影娱乐、文学艺术、群众文化、图书情报等 18 个重点研究领域，聚焦文化传媒领域发展前沿、热点话题、行业实践，服务用户的教学科研、文化投资、企业规划等需要。

世界经济与国际关系数据库（下设 6 个专题子库）

整合世界经济、国际政治、世界文化与科技、全球性问题、国际组织与国际法、区域研究 6 大领域研究成果，对世界经济形势、国际形势进行连续性深度分析，对年度热点问题进行专题解读，为研判全球发展趋势提供事实和数据支持。

法律声明

"皮书系列"（含蓝皮书、绿皮书、黄皮书）之品牌由社会科学文献出版社最早使用并持续至今，现已被中国图书行业所熟知。"皮书系列"的相关商标已在国家商标管理部门商标局注册，包括但不限于LOGO（ ）、皮书、Pishu、经济蓝皮书、社会蓝皮书等。"皮书系列"图书的注册商标专用权及封面设计、版式设计的著作权均为社会科学文献出版社所有。未经社会科学文献出版社书面授权许可，任何使用与"皮书系列"图书注册商标、封面设计、版式设计相同或者近似的文字、图形或其组合的行为均系侵权行为。

经作者授权，本书的专有出版权及信息网络传播权等为社会科学文献出版社享有。未经社会科学文献出版社书面授权许可，任何就本书内容的复制、发行或以数字形式进行网络传播的行为均系侵权行为。

社会科学文献出版社将通过法律途径追究上述侵权行为的法律责任，维护自身合法权益。

欢迎社会各界人士对侵犯社会科学文献出版社上述权利的侵权行为进行举报。电话：010-59367121，电子邮箱：fawubu@ssap.cn。

社会科学文献出版社